붉은 겨울이 온다

한 그루의 나무가 모여 푸른 숲을 이루듯이
청림의 책들은 삶을 풍요롭게 합니다.

극한기후시대를 건너는 우리가 마주할 풍경

붉은 겨울이 온다

정수종 지음

추수밭

―― 서문 ――

잃어버린 삶의 풍경을
되찾는 기후감수성 수업

기후변화는 단순히 온도가 올라가고 비가 너무 많이 와서 홍수가 나거나, 반대로 너무 적게 와서 가뭄이 발생하는 것이 전부가 아니다. 기후변화로 인해 끝을 모르고 타들어가는 산불은 인간이 통제할 수준을 넘어섰고, 수백 년간 지켜온 우리의 자연자원과 문화유산은 단 몇 분 만에 재가 되어 사라졌다. 역사가 무너지는 순간이다. 지속적으로 녹아내린 북극의 빙하는 TV 화면 속 이야기이고 나와는 관계없다고 착각하는 동안 그 영향은 우리의 밥상 물가를 흔들어놓고 있다. 밥상에서 끝이 아니다. 이러한 경제적 피해는 사회 구성원 간의 불평등을 야기하여 결국 우리 사회를 무너뜨린다. 더 이상 물고기를 잡을 수 없는 어부들은 평생을 기대온 바다가 아닌 육지로 나아가 새로운 삶을 개척해야 한다. 끝없이 올라가는 기온은 계절의 경계를 무너뜨리고 하얀 눈으로 덮여야 할 겨울은 붉게 타들어가고 있다. 이것이 기후변화의 실체다.

이제는 기후변화를 믿어야 한다. 그리고 모두가 함께 공감하고, 고민해야 한다. 특히 지금 우리가 목도하고 있는 변화의 중심에는 인간이 있다는 점을 받아들여야 한다. 바로 나와 여러분 말이다. 이것이 내가 이 책을 쓴 이유다. 마치 종교 지도자 같은 주장을 펼치는 것처럼 보이지만, 지난 24년간 기후변화를 공부하고 연구하면서 깨달은 결과다. 물론 너의 말을 어떻게 믿느냐고 반문하는 사람도 있을 것이다. 과장된 것이면 좋겠지만, 이런 이야기는 나 혼자만의 주장이 아니라 전 세계 수많은 과학자가 공감하고 설파하고 있는 내용이다. 2021년 기초과학 분야에만 수여하던 노벨물리학상을, 기후변화를 처음 과학적으로 증명했던 과학자에게 수여한 것은 사실상 기후변화의 심각성에 대한 논쟁은 이제 더 이상 필요 없다는 의미이기도 하다. 그러니 믿어도 좋다.

다행인지 불행인지, 가혹할 정도의 이상기후 피해로 인해 이전보다 많은 이들이 기후변화에 관심을 가지는 것 같다. 그럼에도 여전히 많은 사람은 기후변화가 어렵다고 말한다. 사는 일과는 무관하다고 생각하기도 한다. 기후변화는 어렵지 않다. 저 멀리 북극만의 이야기도 아니다. 이미 우리 삶 깊은 곳까지 파고들어왔기 때문이다. 여러분이 아침에 일어나서 잠이 들 때까지 그리고 사실 잠든 이후에도 영향을 끼치고 있다. 나는 기후변화가 우리 삶 전반에 어떻게 스며들고 있는지를 이 책에 담아, 사람들에게 기후변화가 결코 어렵고 낯선 문제가 아님을 알리고자 한다. 일상 속 기후변화의 장면들을 살펴보고 이해한다면, 조금 더 기후변화에 기민하게 대응하는 기후감수성이 자라날 것이라 생각하기 때문이다.

 마지막으로 늘 많은 사람들이 물어보는 질문에 대한 답을 이 책에 담고자 노력했다. '기후변화 문제를 어떻게 해결할 수 있나요?', '탄소 배출을 줄여서 탄소중립이 가능할까요?', '우리가 기후변화의 미래를 바꿀 수 있나요?' 등 정말 다양한 질문이 있다. 사람들의 관심이 이전보다 늘어나면서 어떻게 문제를 해결할 수 있을까에 대한 고민이 많아지는 것은 고무적인 일이라 생각한다. 기후감수성이 풍부한 사람들이 늘어난다면 분명 세상은 변할 것이기 때문이다. 기후테크, 기후정책, 기후금융 등 그래도 내가 열심히 고민하고 연구했던 부분들에 답을 제시하려고 노력했다. 정답은 아닐 수 있지만, 진짜 정답을 찾아가는 힌트 정도는 될 것이다.

이 책을 통해 세상의 변화가 조금이라도 생긴다면 좋겠다는 개인적인 바람이 있다. 그리고 이러한 나의 바람이 책을 읽는 독자에게 전해지면 좋겠다. 그럼 이 모든 작은 바람이 모여 세상을 바꾸는 거대한 바람이 불 수 있을 것이다.

2025년 가을
정수종

차례

서문 잃어버린 삶의 풍경을 되찾는 기후감수성 수업　　　　　**004**

1장　　자연은 끝없이 위기를 알리고 있다

기후변화란 무엇인가	**012**
시간을 거스른 봄꽃이 보내는 경고	**026**
이른 개화를 반가워할 수 없는 이유	**033**
꿀벌이 사라지면 생태계가 무너진다	**040**
불길에 휩싸인 지구의 미래	**048**
지구는 낫지 않는 독감에 걸렸다	**057**
혹독한 더위는 이제부터 시작이다	**064**
재난영화처럼 퍼붓는 폭우의 비밀	**071**
붉은 가을이 초록 낙엽으로 덮이기 시작했다	**078**
차가운 눈을 그리워하는 설원의 눈물	**085**
폭설, 뜨거워진 지구의 역습	**092**

2장 기후변화는 세계를 어떻게 바꾸는가

국가와 가정의 경제를 위협하는 기후플레이션	102
도시가 일으킨 기후변화는 어떻게 도시의 발등을 찍는가	111
쉴 새 없이 몰아치는 기후 채찍질	120
전염병은 끝나지 않았다	127
기후변화는 패션 트렌드를 바꾼다	136
사회적 재난을 불러올 기후팬데믹	143
기후위기는 또 다른 전쟁을 부른다	149
지구의 호흡이 가빠지고 있다	158
탄소의 시간은 무섭도록 빠르게 흐른다	165
기후위기 피해는 공평하지 않다	172

3장 기후변화 시계를 멈추려면

아이들은 우리가 남긴 세상에서 살아야 한다	180
극한기후시대를 건너려면 새로운 문화가 필요하다	187
기후변화는 먼 미래가 아닌 현재의 위협이다	194
문화유산을 지키면 기후 역사가 바뀐다	201
사막 국가들은 숲의 기적을 꿈꾼다	207
기술이 기후변화의 현실을 바꿀 수 있다	215
지구를 살리는 다섯 가지 기후테크	221
기후재난을 막을 수 없다면 피해를 줄이자	235
기후기술은 장기적인 생존 전략이다	243
인공지능은 기후위기 시대의 적인가, 영웅인가	249
뉴욕은 왜 가스레인지를 퇴출했을까	256
기후위기를 외면한다면 지구의 미래는 없다	263

자연은 끝없이 위기를 알리고 있다

기후변화란 무엇인가

"이번 여름은 왜 이렇게 더운 거야?" "가을인데 왜 단풍이 보이지 않지?" "아니, 올겨울에는 왜 이렇게 눈이 많이 내리지?" 최근 우리가 일상적으로 나누는 대화의 일부다. 우리가 경험적으로 알고 있던 1년 365일의 날씨가 다르게 바뀌어 삶의 한가운데로 파고들었다. 이처럼 경험하지 못한 일들이 벌어질 때면 항상 따라오는 말이 있다. 바로 기후변화다. 기후변화 때문에 삶의 환경이 바뀌고 있다고 한다. 그렇다면 기후변화는 도대체 무엇인가. 왜 기후는 변하는 것인가.

국어사전에 따르면 기후는 30년 정도의 시간 규모에서 일정하게 나타나는 날씨 혹은 기상 현상이다. 예를 들어 "한국의 여름은 평균기온이 섭씨 25도 정도이고 습도는 70% 이상으로 덥고 습하다"라고 할 때 기온과 습도는 30년 정도의 여름철 평균값을 가리킨다. 보통 지난 30년간의 평균값이 그 지역의 변하지 않는 고유 특성이라고 할 수 있다. 기후변화란 바로 이 평균값이 변했다는 뜻이다.

지금 우리는 변화한 여름을 경험하고 있다. 보통 한국의 여름철 기온은 25도 정도인데, 몇 년 전부터 기온이 30도를 훌쩍 넘어 40도 가까이 올라가고 있다. 2025년 7월 서울의 낮 기온이 처음으로 37.8도를 넘으며, 1907년 기상관측을 시작한 이래 역대 최고기온을 경신했다.

이렇듯 수치만 봐도 기후가 변했다는 것을 쉽게 확인할 수 있다. 흔히 들을 수 있는 '지구온난화'도 평균기온 변화(상승)로 설명할 수 있는 현상이라고 할 수 있다.

너무 빠르고 강한 변화

기후변화를 이해하기 위해서는 또 하나의 현상을 이해할 필요가 있다. 바로 변동성이다. 지구온난화 개념은 나름 오래되고 익숙해서 평균기온 상승과 관련한 기후변화는 쉽게 이해할 수 있다. 그런데 기후변화는 평균뿐만 아니라 변동성의 변화도 포함한다. 쉽게 말하면 변동성은 변화의 크기(폭)다. 예를 들어 30년 동안의 겨울철 평균기온이 3도라고 해보자. 3도는 30번의 겨울에 관한 평균이기 때문에, 3도보다 높은 겨울도 있었고 3도보다 낮은 겨울도 있었다. 어떤 해 겨울은 0도, 어떤 해 겨울은 6도였다면 결국 평균 3도가 된다. 여기서 변동성은 +/-3도다. 0도는 -3도고, 6도는 +3도기 때문이다.

그런데 최근 기후변화 때문에 변동성이 더욱 커졌다. 평균값은 똑같이 3도지만, 어떤 해 겨울은 영하 3도, 또 다른 해는 영상 9도까지 올라갔다고 치자. 그럼 결국 평균은 똑같은 3도지만 변동성은 +/-6도다. 즉, 기온의 변동 폭이 2배로 커졌다. "평균이 변하지 않았으니 기후변화가 아니야!"라고 말하는 사람들도 일부 있지만, 이 현상은 분명히 변동성의 변화로 설명할 수 있는 기후변화다. 2021년 미국 텍사스에 영하 20도의 한파가 몰아쳤을 때 기후변화를 부정하는 사람들이 지구온난화는 거짓말이고 기후는 변하지 않았다고 주장했지만, 이 한파는 정확히 변동성을 통해 볼 수 있는 기후변화에 대한 증거다.

인간의 삶에 막대한 영향을 미치는 기온뿐 아니라, 지구 시스템을 구성하는 많은 요소(대기, 해양, 식물, 동물 등)에서도 기후변화의 시그널이 감지되고 있다. 이제 기후변화는 인간이 체감할 수 있는 물리적 변화를 넘어 지구상 모든 생명체를 위협하는 수준에 도달했다.

모든 기후변화가 문제라고 할 수는 없다. 역사적으로 지구 기후는 변화해왔기 때문이다. 문제는 변화의 속도와 강도다. 기후변화가 너무 빠르고 강하게 나타나고 있기 때문이다. 예를 들어 1850년경의 산업혁명 이후 현재까지 약 174년 만에 지구 평균기온은 약 1.5도 이상 상승했다. 인류 역사상 이렇게 빠르게 기온이 변화한 적은 없었다. 그렇다면 과연 무엇이 기후를 바꾸고 있을까? 기후변화를 정확히 이해하기 위해서는 2가지 요인인 자연적 요인과 인위적 요인을 살펴볼 필요가 있다.

자연이 기후를 변화시킨 사례

자연적 요인은 말 그대로 시간의 흐름에 따라 자연적으로 변하는 것으로, 태양활동 변화, 지구 자전축의 경사 변화, 지구 공전 궤도 변화, 화산활동 등에 따라 나타난다. 인간이 통제하거나 조절할 수 없는 부분이다.

예를 들어 지구의 기후를 결정하는 가장 중요한 힘은 태양으로부터 지구에 들어오는 태양에너지다. 태양에서 오는 에너지를 많이 받는 지역은 온도가 높고, 적게 받은 지역은 온도가 낮다. 열대 태평양 적도 지역은 뜨겁고 북극 지역은 상대적으로 차갑다. 그래서 태양활동이 변화하여 태양에너지의 양이 변하면 시간이 지남에 따라 온도가 바뀌어 결국 그 지역의 기후가 변할 수 있다.

지구 자전축이나 공전궤도의 변화 또한 비슷한 원리다. 자전축의 기울기가 커지거나 작아짐에 따라 태양에서 들어오는 에너지의 양적 변화가 발생하고, 공전궤도 변화에 따라 태양과 지구의 거리가 바뀌기 때문에 에너지의 양이 바뀔 수 있기 때문이다.

그런데 이러한 자연적 요인들은 단기간에, 적어도 수백 년 이내가 아닌 수천수만 년에 걸쳐 나타나기에 현재의 빠른 기후변화를 설명하기가 어렵다. 자연적 요인에 의한 변화는 매우 느리게 진행되기 때문에 인간과 지구 생태계가 서서히 적응해갈 수 있다.

화산폭발은 자연적 요인이지만 매우 빠른 속도로 기후변화를 유발할 수 있다. 예를 들어 1991년 필리핀 피나투보산에서 발생한 화산폭발은 인류 역사상 가장 강력한 화산폭발 중 하나로, 전 지구 기후변화에 영향을 끼쳤다. 화산이 폭발하면 막대한 양의 황산가스 SO_2가 대기로 방출되고, 이후 대기 중 화학반응을 통해 황산염 에어로졸이 된다. 에어로졸은 태양에서 들어오는 태양광을 반사하거나 산란하기 때문에 지면에 도달하는 에너지의 양이 줄어들어 기온이 낮아지는 효과를 유발한다. 지구온난화처럼 온도가 높아지는 현상도 기후변화의 증거지만 이렇게 급작스럽게 온도가 낮아지는 것 또한 기후변화가 맞다. 피나투보 화산폭발은 이후 2~3년간 북반구와 남반구 기온에 영향을 미쳤다. 게다가 이러한 기온 변화는 이차적으로 그 지역과 다른 지역의 변화를 유발했다. 기온이 낮아진 지역에서는 강수가 줄었지만 엉뚱하게 다른 지역에 비가 많이 쏟아졌고, 이러한 변화는 기온 변화가 대기 순환(바람) 변화를 유발했기 때문으로 밝혀졌다.

인간이 범인이다

기후변화의 두 번째 요소인 인위적 요인을 살펴보자. 이는 기후변화 문제의 본질이자 우리가 겨냥해야 할 목표의 핵심이다. 인위적 요인이란 주로 인간의 경제·산업·문화 활동 등과 관련한 온실가스 배출, 오염물질 배출, 벌목, 도시화, 토지 이용 등을 포함한다. 우리가 인위적 요인을 주목해야 하는 과학적 근거는 무엇일까.

기후변화 문제를 해결하기 위해 1990년에 설립된 국가간기후변화협의체(*IPCC, Intergovernmental Pannel on Climate Change*)에서는 5~7년 주기로 기후변화에 대한 평가 보고서를 발간한다. 전 세계적으로 공신력 있는 학술지들에 발표된 모든 기후변화 관련 연구를 검토해서 기후변화의 원인, 현상, 결과를 분기별로 발표하는 것이다. 가장 최근 발표된 결과는 2021년의 6차 보고서로, 인간의 인위적 활동이 기후 시스템을 바꾸었고 그 피해를 키웠다는 명확한 근거들을 제시하고 있다.

이 보고서는 온난화가 매우 빠르게 진행되는 원인을 정리했다. 2021년 기준으로 지구의 평균기온은 1850년 대비 1.1도 상승했고, 지금까지 알려진 자연적 요인과 인위적 요인 모두를 고려했을 때 가장 중요한 요인은 온실가스였다.

예를 들어 온실가스 중 가장 중요한 이산화탄소 CO_2는 1.1도 상승 중 약 0.7도에 기여했고, 메테인(메탄) CH_4은 0.5도 기여했다. 두 온실가스는 함께 1.2도를 상승시키지만, 미세먼지 같은 대기오염물질이 온도를 낮추는 역할을 하기에 실제로는 1.1도 정도가 상승했다. 나머지 요인들은 약 +/-0.1 내외의 미미한 영향을 끼친 것으로 보인다.

우리가 경험하는 기후변화를 유발한 가장 중요한 요인은 인위적 요인이며, 그중에서도 이산화탄소와 메테인 같은 '탄소'라고 할 수 있다. 그래서 기후변화를 얘기할 때 모두가 탄소에 기반한 온실가스를 언급한다. 이제 기후변화 대응과 관련하여 왜 탄소중립이란 말을 그렇게 많이 하는지 짐작할 수 있을 것이다. 이 중요한 온실가스를 좀 더 깊이 이해해보자.

지구를 데우는 온실가스

기후변화를 유발하는 인위적 요인 중 하나인 온실가스는 말 그대로 온실 같은 효과를 일으키는 가스다. 우리가 추운 겨울에 이불을 뒤집어쓰고 있으면 따뜻한 이유는 이불이 열을 내서가 아니라, 몸에서 빠져나가는 에너지를 막아주기 때문이다. 대기의 온실가스는 지구의 담요 역할을 한다. 지구에서 빠져나가는 열을 막아 지구를 데우고 있다. 사실 일정량이 대기에 존재해야 지구가 얼지 않고 생명체가 살아갈 수 있지만, 너무 많으면 지금처럼 온도가 너무 올라서 기후변화가 발생한다.

기후변화를 막기 위해 국제적으로 관리 대상으로 인식되는 7대 온실가스는 앞서 얘기한 이산화탄소, 메테인 외에 아산화질소N_2O, 수소불화탄소$HFCs$, 과불화탄소$PFCs$, 육불화황SF_6, 삼불화질소NF_3다.

이산화탄소는 석탄, 석유, 천연가스 같은 화석연료를 연소할 때뿐만 아니라 산불, 토양의 유기물 분해, 그리고 시멘트 제조 같은 산업 공정에서도 발생한다. 메테인은 논농사 같은 농업, 가축의 소화 과정, 폐기물 매립지, 천연가스 추출, 에너지 시설 탈루, 습지 등에서 발생한다. 아산화질소는 주로 농업 생산성 증진을 위한 비료, 자동차 배기가스, 산업 활동에서 발생한다. 수소불화탄소, 과불화탄소, 육불화황, 삼불화질소는 주로 냉매, 반도체, 고압전기 설비에서 발생한다.

결국 대부분의 온실가스는 인간이 먹고, 마시고, 거주하고, 생산하고, 즐기는 여러 과정에서 배출된다.

7개 온실가스 모두 중요하지만 여기서는 이산화탄소에 집중해서 이해하고 대비책을 알아보려 한다. 인간에 의한 배출량이 가장 많기도 하고 기후변화 대응 측면에서 가장 중요하기 때문이다. 그래서 보통 탄소감축을 이야기할 때 탄소는 이산화탄소를 지칭한다. 기후변화나 온난화에 대한 나머지 6개 가스의 기여를 판단할 때도 모두 이산화탄소의 양으로 환산해서 판단하기도 한다. 그럼 본격적으로 탄소를 이해하기 위해 탄소순환과 탄소중립에 대해 알아보자.

200년간 대기를 떠도는 탄소

기후변화가 발생하는 가장 큰 이유는 대기 중 탄소의 양이 늘어났기 때문이다. 한 번 더 강조해서 나쁠 것 없다. 대기 중 이산화탄소의 농도가 너무 진해진 것이 문제라는 뜻이다. 그럼 왜 이렇게 농도가 진해지는 것일까? 답은 간단하면서도 복잡하다. 간단하게 얘기하면 인간이 화석연료를 연소한 양이 늘어났기 때문이고, 복잡하게 답하면 지구 시스템의 다양한 요소가 상호작용한 결과다.

인간이 배출한 화석연료 기반의 이산화탄소 중 약 31%는 육상 생태계가 흡수하고, 나머지 23% 정도는 해양이 흡수한다. 예를 들어 우리가 100톤의 이산화탄소를 대기로 방출하면 약 31톤은 산림 생태계의 식물이 광합성을 통해 흡수한다. 그리고 약 21톤의 이산화탄소는 마치 사이다에 녹아든 탄산처럼 대기에서 바닷물로 녹아들거나 해양 생물이 광합성을 통해 흡수한다. 이렇게 지구 시스템의 육상과 해양이 약 54톤을 흡수하고, 지구 시스템이 감당하지 못하는 46톤은 갈 곳이 없어서 대기 중에 남아 차곡차곡 쌓인다.

이산화탄소는 한번 배출되면 최대 200년까지 머무른다. 오래된 탄소가 공기 중에 남아 있으면 새롭게 배출한 것들과 더해져 농도가 증가할 수밖에 없다. 시원한 아이스 아메리카노에 샷을 추가할수록 점점 진해지듯이 공기 중의 이산화탄소 농도는 점점 진해진다. 인간이 본격적으로 탄소를 연료로 이용하기 전, 즉 산업혁명 이전의 대기 중 기록이 없기 때문에 빙하 시추를 통해 얻은 얼음 기포 속 공기를 살펴보면 1750~1800년대의 대기 중 이산화탄소 농도는 약 278ppm이다. 현재 대기 중 측정값의 지구 대푯값이 약 424ppm인 것을 감안하면 약 35% 더 진해졌다.

지구의 기후를 바꾸고 있는 대기 중 이산화탄소의 농도 변화는 인간과 지구의 교감에 의한 결과다. 일정량의 탄소는 지구 시스템을 유지하는 데 필요하기 때문에 육상 생태계와 해양이 취한다. 나무가 광합성을 통해 잎을 만들어내고, 농작물이 자라서 열매를 맺고, 바다에 해조류가 자라서 우리가 김이나 미역을 밥상에서 볼 수 있는 것도 대기 중 이산화탄소가 존재하기 때문이다. 만약 인간이 지구가 감당할 수 있을 만큼의 이산화탄소만 배출한다면 이산화탄소 농도는 더 높아지지 않을 것이다. 이것이 바로 탄소중립이다.

기후변화를 늦추려면

이론적으로는 탄소중립이 이렇게 간단하다. 그러나 지금 우리는 지구가 흡수해줄 수 있는 양의 2배 가까운 양을 배출하기 때문에 탄소중립을 달성하기 어렵다. 버려진 땅에 나무를 심어 흡수량을 늘리거나, 획기적인 과학 기술로 새로운 탄소 흡수원을 확보하거나, 인위적인 이산화탄소 배출량을 현재의 반으로 과감히 줄여야 하는 상황이기 때문이다.

하지만 모든 국가나 개인이 같은 양의 이산화탄소를 배출하는 것이 아니기에 배출량을 줄이는 것은 복잡하고도 어려운 문제다. 얼마나 많이 줄여야 하는지 논할 때 주목해야 할 점은, 앞으로 산림이나 바다가 어느 정도 양의 이산화탄소를 흡수할지에 따라 우리가 얼마나 배출량을 줄여야 하는지가 달라진다는 점이다. 결국 탄소 수지(배출과 흡수의 합)의 균형을 맞춰 배출과 흡수가 같아져야 탄소중립이 실현되기 때문이다.

만약 앞으로 자연 생태계의 이산화탄소 흡수량이 늘어난다면 우리가 줄여야 할 인위적 배출량은 상대적으로 여유 있을 것이다. 그러나 반대로 자연 생태계의 탄소 흡수 능력이 떨어진다면 지금 생각하는 것보다 더 많은 배출량을 빠르게 줄여나가야 한다.

기후위기 대응을 위한 탄소중립을 실현하려면 지구와 함께 가는 길을 택해야 한다. 지구가 우리에게 허락한 이산화탄소 배출량, 딱 그만큼 또는 그보다 적게 배출해야 한다는 것이다. 그러기 위해서는 지구 생태계의 변화를 주목해야 한다. 최근 더 빈번해진 산불은 생태계의 흡수량을 줄일 뿐만 아니라, 불타버린 산림은 흡수원이 아니라 배출원으로 역할이 바뀐다. 2024년에 일어난 캐나다 산불이나 2025년 캘리포니아 산불은 대표적인 기후변화의 산물이다.

뿐만 아니라 지구에서 가장 강력한 온난화가 진행 중인 북반구 고위도로 가면 지구 생태계의 변화는 더욱 뚜렷하다. 얼어 있던 땅이 녹아 풀들이 자라는 땅으로 바뀌고 있으며, 산림의 북방한계선이 북상하는 중이다. 하얀 얼음의 땅이 푸른 초원으로 바뀌어가는 것이다. 온난화로 인해 이곳에 풀들이 자라고 무성해지면 대기 중 이산화탄소를 더 많이 흡수하는 것처럼 보인다. 그러나 그렇지 않다. 얼어 있던 땅이 녹으면 땅속에 묻혀 있던 탄소 기반 유기물이 분해되면서 수백 년 동안 묻혀 있던 이산화탄소가 대기 중으로 빠져나온다. 우리가 땅속의 석유를 끌어내어 연소 과정을 통해 이산화탄소를 배출하듯이, 온난화는 얼어 있던 땅속의 이산화탄소를 대기 중으로 끌어내는 역할을 한다. 푸른 초원은 예상과는 달리 탄소를 배출하는 이산화탄소의 공장이 되어버릴 수 있다.

　물론 앞으로 지구 시스템이 어떻게 변화할지 더 과학적이고 객관적으로 예측해야겠지만, 지구의 현재 상황은 그리 낙관적이지 않다. 그래서 지구가 우리에게 다양한 형태로 보내는 '기후변화'라는 메시지를 제대로 읽어야 한다. 그러지 않으면 지구라는 우리 모두의 집을 잃어버릴 수 있다. 그리고 그 집은 다시 지을 수 없다. 이제 우리가 당면한 기후변화의 현실을 들여다보자. 빨리 무엇을 해야 하는지 고민하기에 앞서 무엇이 기후변화의 문제인지를 제대로 이해할 필요가 있다.

시간을 거스른
봄꽃이 보내는 경고

추운 겨울이 지나면 여러 신호가 한 해의 시작을 알린다. 나에게 봄이 왔음을 알려주는 지시자 *indicator*는 신입생이다. 봄꽃 아래 삼삼오오 몰려다니는 학생들의 웃음소리가 들리면 새로운 학기가 시작된 것이다. 봄꽃이 피면 이제 '캠퍼스에 신입생이 오겠구나!'라고 생각하거나, 신입생이 보이면 '이제 봄이 왔다'라고 느낄 수 있었다.

그런데 요즘 둘의 시간적 동시성에 문제가 생겼다. 봄이 되면 여러 뉴스에서 이렇게 이야기한다. "올해는 평년보다 개화 시기가 일주일 빨라졌습니다." 기후에 관심 있는 분들은 이미 눈치 챘을 것이다. 해마다 뉴스에서 같은 얘기를 반복한다는 것을.

그런데 계절의 또 다른 지시자인 신입생은 변화하지 않는다. 봄이 따뜻해진다고 신입생이 학교에 빨리 입학하지는 않지만, 봄꽃은 추운 겨울을 향해 시간을 거스르고 있다. 자칫 생명을 앗아 갈지 모를 봄추위와 찬 서리의 위협이 도사리고 있는데도 말이다. 꽃이 사람보다 어리석어서 그런 걸까? 겨울을 향해 달려가는 봄꽃은 우리에게 무슨 말을 하고 싶은 것일까.

날짜를 착각하는 식물들

개화*flowering*, 개엽*leaf unfolding*, 단풍*leaf coloring*, 낙엽*leaf falling*처럼 식물의 계절별 변화를 나타내는 현상을 식물 페놀로지*phenology*라고 한다. 페놀로지는 지구 생명체가 주기적으로 반복하는 생물학적 이벤트를 탐구하는 분야다. 봄이 되면 꽃이 피고 잎이 돋아나고, 여름이면 잎이 무성해지고, 가을이면 단풍이 들고, 겨울이면 잎이 사라진다. 그래서 나무가 살아가는 1년 동안 개엽 시기, 성숙기, 단풍 시기, 휴지기 등 여러 번의 생물학적 이벤트가 나타나고, 각각의 이벤트는 매해 반복된다. 예를 들어 작년 봄에 잎이 났으니 올해도 잎이 나고, 내년에도 잎이 날 것이다.

흥미로운 점은 봄에 나무가 잎을 틔우거나 꽃피우는 시기가 해마다 빨라진다는 것이다. 한국의 진달래는 지난 12년간 개화 시기가 약 16일 빨라졌고, 생강나무꽃은 같은 기간 동안 19일이나 빨라졌다. 약 10년간 2주 이상 개화가 빨라졌다. 이런 현상은 한국뿐 아니라 계절의 경계가 분명한 북반구 온대 지역 대부분의 국가에서 나타나고 있다.

1990년대 이후 전 지구적으로 온난화가 뚜렷해지면서 식물 페놀로지가 기후변화 연구의 뜨거운 화두로 떠올랐다. 빙하가 녹고, 하천이 마르고, 도시를 삼키는 산불이 발생하고, 해수면이 상승하고, 땅이 갈라지고, 사막이 넓어지는 것은 아주 분명한 기후변화의 지표지만, 뉴스나 신문을 통하지 않는다면 일반인이 쉽게 접할 수 있는 일은 아니다. 특히 우리나라에서는 눈으로 직접 확인하기 힘들다.

그러나 개화 시기 같은 식물의 페놀로지 변화는 다르다. 여기저기 지천에 깔린 꽃이나 나뭇잎들은 애써 찾아보려 하지 않아도 눈에 들어오기 때문이다. 빙하가 녹거나 하천이 마르는 현상은 지구상의 특정 지역에서 벌어지지만 개화, 개엽, 단풍 같은 식물 페놀로지의 변화는 인간의 정주 공간인 도시에서도 쉽게 볼 수 있다. 서울, 베이징, 도쿄, 뉴욕, 런던 등 세계 어디에서든 나타난다. 최근에는 개화 시기가 너무 빨라졌기 때문에 지방에서 봄꽃 축제 날짜를 제대로 맞추지 못해 꽃이 없는 봄꽃 축제를 개최하면서 지방자치단체 단체장이 사과문을 발표하는 해프닝이 발생하기도 했다.

식물이 점점 빨리 잎을 틔우는 이유

요즘 식물은 어째서 해마다 더 일찍 잎을 틔우고 꽃을 피우는 것인가? 정말 기후변화 때문일까?

지구 북반구에서 인간이 가장 많이 거주하고 활동하는 지역 중 온대 및 한대기후 지역의 식물은 겨울에서 봄이 되어 온도가 오르기 시작하면 잎을 틔운다. 물론 개엽 과정에서 강수량, 일사량, 토양 등 다른 많은 인자가 역할을 하지만, 온도 하나만으로도 식물의 개엽 시기를 설명할 수 있을 만큼 중요하다.

종마다 조금씩 다르지만 식물은 잎을 틔우기 위해서 필요한 각자의 열량이 있다. 필요한 열량이란 식물이 생장 활동을 시작하기 위해 필요한 누적 온도라고 할 수 있다. 예를 들어 개나리는 섭씨 5도 이상의 기온을 인지하여 총누적 온도 100도 정도가 되면 잎을 틔운다고 했을 때, 5도가 넘어가는 날의 온도만 계속 더해서 총합이 100도가 되는 날에 잎을 틔운다. 온난화가 진행되고 기온이 높아지면 5도가 넘는 날이 많아지고, 결국 100에

도달하는 시간이 빨라진다. 즉, 온난화로 인해 필요한 열을 빨리 얻을 수 있기에 식물의 개엽일이 빨라지는 것이다. 봄꽃이 피는 시기도 비슷한 원리로 빨라진다.

여기서 주목할 점은 온도가 올라간다고 식물의 개엽일이 무조건 빨라지지는 않는다는 것이다. 식물은 봄에 잎이 자란 후 나타날 수 있는 서리 같은 냉해를 막기 위해 미리 겨울에 추운 날을 경험하면서 내한성을 기른다. 그래서 아무리 겨울이 따뜻해지더라도 일정 수준의 추운 날 또한 충족되지 않으면 잎을 틔우지 않는다. 온난화와 추위 사이에서 스스로 균형을 유지하려 한다. 뿐만 아니라 식물이 자라는 데 필요한 일조량 또한 중요한 인자이기에 온난화로 충분한 열을 확보하더라도 해가 짧은 겨울에 잎을 틔우지 않는다.

이처럼 식물은 급격한 기후변화에 적응할 수 있는 나름의 방식이 있다. 어쩌면 우리 생각보다 훨씬 영리하고 기민한 생명체일지 모른다. 따라서 식물 스스로 유지하려 하는 균형이 깨질 정도의 페놀로지 변화가 나타난다면, 그 식물은 기후변화에 취약해졌다는 의미다. 그렇기 때문에 엄동설한에 꽃을 피우고 겨울 등산길에 뜬금없이 잎을 틔우는 나무를 보면 반가워할 것이 아니라 걱정해야 한다. 급격한 페놀로지 변화는 식물이 우리에게 보내는 구조신호일지도 모르기 때문이다.

식물이 온난화에 미치는 영향

온난화로 식물 개엽 시기가 빨라지는 현상에는 또 다른 중요한 의미가 숨어 있다. 식물은 기후변화에 따른 온난화에 반응만 하는 것이 아니다. 식물의 변화는 역으로 온난화에 영향을 미칠 수 있다.

식물이 출현하는 시기가 빨라진다는 것은 이들의 생장 활동이 과거보다 활발하다는 의미다. 예를 들어 4월에 잎을 틔우던 나무들이 3월에 잎을 틔우면, 과거에 잎을 막 틔우던 4월이 되었을 때 훨씬 더 무성한 나무가 된다. 무성하게 자란다는 것은 나무가 원래 가지고 있던 기능이 더 강해진다는 의미다. 보통 봄철 나무가 잎을 틔우면 기공을 통해 이산화탄소를 흡수하고 이와 동시에 증산작용을 통해 토양의 물을 대기 중으로 내보낸다. 개엽 시기가 빨라져 봄철 나무의 잎이 무성해지면 상대적으로 증산량이 증가하여 더 많은 물을 대기로 내보낸다.

이렇게 많은 물이 대기로 이동하는 과정은 온난화를 약화시킨다. 무더운 여름철 골목을 지나다 보면 더위를 식히기 위해 물을 뿌리는 사람들을 볼 수 있다. 물을 뿌리면 지면에서 공기를 데울 수 있는 열(에너지)이 물의 증발과 함께 사라져 지면이 시원해진다. 이것이 잠열이다. 식물의 증산작용이 활발해지면 뜨거운 아스팔트에 물을 뿌리듯이 지면의 에너지가 증발을 통해 빠져나가면서 지면 온도가 낮아져 그 지역의 온난화를 완화할 수 있다. 식물이 지구의 뜨거운 공기를 식혀주는 에어컨 역할을 하는 것이다. 이러한 식물의 증산을 통한 온도 저감 효과*cooling effect*는 봄철뿐만 아니라 여름철에도 잘 나타난다. 무더운 여름, 도시숲이 시원한 것은 비단 그늘이 있어서가 아니라 식물의 증산에 의한 온도 저감 효과가 더해졌기 때문이다.

   기후변화로 식물의 출현 시기가 빨라지면 봄철 식물의 활동을 강화하여 봄철 온난화를 약화시키는 듯하다. 그러면 개화 시기가 빨라져서 좋은 것일까? 그렇지 않다. 봄이 시원해지는 것은 맞지만 물을 과도하게 소비한다는 것이 문제다. 즉, 본격적으로 물이 필요한 여름에 써야 할 물을 미리 필요 이상으로 써버리는 상황이 되는 것이다. 여름철 기온이 봄보다 높은 상황에 폭염과 같은 이상기후 또는 가뭄이 발생하면 식물은 생존하기 위해 더 많은 물을 필요로 하기 때문이다. 그래서 딱히 물을 쓸 필요가 없었던 봄에 이미 사용했기에 정작 필요한 여름에는 물이 부족해진다. 나뭇잎이 무성하게 자라 생산성이 극대화되어야 할 시기에 물이 부족하다는 것은 1년 전체를 손해 본다는 의미다. 봄의 시원함이 가져다준 착시효과에 눈이 멀면 안 된다.

이른 개화를
반가워할 수 없는 이유

육상 생태계에서 식물의 개화는 식물의 생장과 진화를 넘어 생태계 내 다른 구성 요소들의 교감에 중요한 역할을 한다. 봄이 되면 식물의 개화와 함께 많은 생태계 구성 요소의 계절 활동이 시작된다.

대표적인 예가 곤충이다. 곤충은 영양 단계의 관점에서 생산자인 식물과 가장 먼저 교감하는 1차 소비자이다. 일반적으로 곤충의 봄은 오랫동안의 자연선택을 통해 식물의 봄과 자연스레 시공간적으로 동조화*synchrony*되어 있다. 동조화란 곤충의 변화가 식물의 변화에, 또는 반대로 식물의 변화가 곤충의 변화에 영향을 미친다는 뜻이다. 그런데 이러한 곤충과 식물의 관계에서 탈동조화 현상이 나타나기 시작했다. 곤충과 식물의 균형이 깨지고 있다는 신호다. 그 문제의 중심에는 기후변화가 있다.

곤충과 식물의 만남이 엇갈리는 이유

곤충과 식물의 봄이 탈동조화되는 이유는 봄꽃 개화가 빨라지는 속도와 곤충의 봄이 빨라지는 속도가 달라졌기 때문이다. 곤충의 관점에서 보면 봄꽃 같은 식물의 계절 활동과의 관련성과 상관없이 온도, 강수, 일사량 같은 환경 요인의 영향을 받아 계절 활동이 변화할 수 있다.

한 예로 영국에서 봄철 나비가 처음 출현하는 시기가 지난 30년간 약 한 달 이상 빨라졌지만, 봄꽃의 개화 시기는 한 달씩 빨라지지 않았다. 이러한 생태적 불일치 *ecological mismatch* 는 식물에서 동물로 이어지는 영양 단계에서 예기치 못한 큰 문제를 일으킬 수 있다. 생산자와 1차 소비자로 이어지는 식물과 곤충의 다음 단계인 동물군 또는 분해자(미생물)의 생태에도 영향을 끼쳐 생태계 내 영향 흐름이나 군집 조성을 바꾸기 때문이다. 기후변화에 따라 개화 시기가 빨라지는 그 자체의 영향에 더하여 식물과 다른 생물 종이 기후변화에 적응하는 속도 간 차이가 문제들을 야기하고 있다.

요즘 자주 뉴스에 등장하는 벌과 관련한 문제도 개화 시기 변화와 밀접하다. 중위도 지역에서 눈이 녹는 시기가 빨라짐에 따라 꽃을 피우고 열매를 맺어 번식하는 현화식물의 개화 시기도 빨라지고 있다. 그러나 벌의 생장 주기는 빨라지는 개화 시기를 맞추지 못하고 있다. 벌이 꿀의 질이 좋은 개화 시기보다 더 늦게 채밀(꿀을 가져오는 행위)하면 벌의 군집에 영향을 끼칠 뿐만 아니라 수분 매개 효율이 낮아져 식물의 생장에까지 영향을 끼친다.

이런 생장 계절의 불일치는 특히 아직 기온이 낮은 시기에 일찍 개화하는 식물과 이를 수분 매개하는 벌 사이에서 강하게 나타난다. 예를 들어 이른 봄에 피는 복수초나 현호색 같은 꽃들에는 꿀벌보다는 온도 내성이 강한 뒤영벌이 더 효율적인 수분 매개자이다. 복수초처럼 이른 봄에 피는 꽃은 단명하기 때문에 수분 매개가 빨리 이루어져야 한다. 그러나 아무리 온도에 대한 내성이 뛰어난 뒤영벌이라도 개화 시기가 빨라지면 추운 날씨에 꽃을 찾으러 가기가 어렵다. 게다가 복수초처럼 개화가 이른 꽃들은 대체로 수명이 짧으므로 번식에서 수분 매개 효율 저하가 미치는 영향이 크다.

여기서 잠깐 소개하자면, 뒤영벌은 흔히 알려진 꿀벌보다 덩

치가 조금 크고 온몸이 털북숭이인 벌이다. 일반적으로 수분 매개 능력이 꿀벌보다 수십 배 강하다고 알려진 능력자다. 알고 보면 뒤영벌은 꽤 유명한 친구인데, 영어 이름을 들으면 이유를 알 것이다. 뒤영벌의 영어 이름은 바로 범블비*bumble bee*다. 전 세계적으로 히트한 영화 〈트랜스포머〉에 등장하는 노란색과 검은색이 뒤섞인 자동차 로봇 이름이다. 그런데 이 녀석은 영화에서도 계속 위기에 처하더니, 실제 세상에서도 기후변화 때문에 심각한 위험에 빠져 있다. 개화 시기가 빨라져서 뒤영벌이 수분 매개를 못해 꽃이 위험해진다는 것은 뒤영벌이 양질의 꿀을 채밀하지 못한다는 뜻이다. 벌의 처지에서 보면 식량이 부족해서 군집에 위협이 되고 있다는 의미다. 개화 시기를 포함한 각종 기후변화의 영향이 범블비를 위협하고 있다.

기후변화가 유발하는 개화 시기 변화가 곤충을 거쳐 다른 동물 생태계에 강력한 영향을 미치기도 한다. 유럽의 딱새류는 아프리카에서 겨울을 나고 다시 유럽으로 날아와 알을 낳는다. 먹이인 나방 애벌레의 생장 계절에 오랫동안 적응한 결과다. 딱새류는 봄철의 단 몇 주간만 참나무류 잎을 갉아 먹는 나방 애벌레의 생장 계절에 맞추어 이동한다. 그런데 2000년대 들어 유럽 딱새류들이 이 짧은 몇 주의 시기를 놓치고 있다고 보고되었다. 참나무류의 개엽 시기가 빨라지면서 나방 애벌레가 출현하는 시기 또한 빨라졌는데, 그 시기를 딱새가 맞추지 못했기 때문이다. 딱새류는 보통 낮의 길이 변화에 따라 월동지를 떠나 이동하는 경향이 있어서 나방 애벌레가 생장하는 시간과 생태적 불일치가 발생한 것이다. 먹이가 시간을 거슬러 도망가는데 알아채지도 못하는 형국이다.

종 다양성의 위기는 인류의 위기다

개화 시기가 빨라진다는 것은 종 다양성*biodiversity*의 위기를 의미한다. 흔히 종 다양성에 대한 위협은 단순히 종의 숫자가 줄어든다는 뜻으로 해석된다. 물론 특정 동물, 식물군 종이 사라지는 것만으로도 중요한 문제다. 그러나 어쩌면 보다 심각한 종 다양성의 문제는 생태계의 기능적 다양성이 저하되는 것이다. 개화-벌의 수분 매개-인간의 식량(농작물)으로 이어지는 거대한 먹이사슬의 관점에서 보면 빨라지는 개화 시기는 생태계의 식량 서비스 저하, 나아가 인간의 식량 위기를 유발할 수 있다.

뿐만 아니라 개화 시기가 빨라지면서 나타나는 식물 군락의 변화는 기존 육상 생태계가 가지고 있는 물, 에너지, 탄소순환이라는 지구 시스템의 거대한 물질순환 기능을 변화시킨다. 지구라는 행성이 존재할 수 있는 근간은 물질순환이다. 지구의 물질 순환 기능이 저하된다면 우리의 행성이 존재할 수 없다.

"아직 한겨울인데 서울 시내 한복판에서 복수초의 꽃이 피었습니다"와 같은 뉴스를 이제 쉽게 접할 수 있다. 때 이른 개화에 즐거워하며 SNS에 사진을 올리는 경우가 많지만, 이제는 명심해야 한다. 그것이 당신이 그곳에서 만날 수 있는 복수초의 마지막 사진일지도 모른다는 것을. 봄꽃은 사람보다 어리석어서 추운 겨울을 향해 꽃을 피우는 것이 아니라 너무도 현명해서 목숨을 걸고 인간에게 메시지를 보내는 것이다. 바로 지구의 종 다양성이 위협받고 있다는 메시지다.

아낌없이 주는 나무

지금 우리는 뜨거워지는 지구를 식히기 위해 많은 노력을 하고 있다. 그러나 모두가 머리를 맞대고 고민하더라도 온난화는 당분간 지속될 수밖에 없다. 탄소중립을 이루어도 당분간은 온도가 올라간다. 그래서 식물을 지키고 가꾸는 것이 더욱 중요하다. 식물은 증산작용에 기반한 온도 저감 효과를 통해 온난화를 완화하여 우리가 기후변화에 잘 '적응'할 수 있게 돕기 때문이다.

또한 장기적으로는 이산화탄소를 흡수함으로써 온실가스 증가를 늦추어 기후변화 '완화'에 도움을 주기 때문이다. 이보다 좋은 기후변화 대응 기술이 있을까?

어린 시절 읽었던 동화책의 제목처럼 식물은 "아낌없이 주는 나무"와 같다. 전 세계가 기후변화로 몸살을 앓고 있는 지금도 식물은 자신이 할 수 있는 모든 작용을 통해 우리에게 좋은 삶의 터전을 제공하고 있기 때문이다. 이것이 우리가 사는 도시, 한국, 지구에서 식물을 지키고 가꿔야 하는 이유다. 늘 곁에 있다고 가벼이 보지 말고, 나무, 풀, 꽃들을 지키며 함께 살아갈 수 있는 방법을 찾는 것이 지금 우리가 할 수 있는 최선의 기후변화 대응이다.

꿀벌이 사라지면
생태계가 무너진다

 내가 많이 듣는 질문 중 하나는 "교수님은 왜 꿀벌을 연구하시나요?"다. 내가 곤충을 연구하는 곤충학자나 생물·생태학자가 아니라 기후변화, 특히 탄소순환을 주로 연구하는 기후과학자이기에 충분히 할 수 있는 질문이다.
 사실 나는 벌이 무섭다. 어릴 때 친구들이랑 벌 잡다가 쏘인 트라우마 때문에 가까이 가고 싶지 않다. 나에게는 밀림의 제왕 사자보다 무서운 존재다. 그런 내가 벌들과 함께 지내는 이유는 바로 기후변화 때문이다.
 벌이 실종된 사건은 한국을 넘어 전 세계적 이슈이지만 아직 뚜렷한 원인을 찾지 못하고 있다. 그래서 '만약 꿀벌 문제가 기후변화와 관련 있다면 사람들이 좀 더 기후변화에 관심을 갖지 않을까? 하는 기대로 무섭고도 험난한 꿀벌과의 동거를 시작했다. 그렇게 몇 년의 시간이 흘렀고, 결론부터 말하자면 우려는 현실이 되었다. 꿀벌의 실종과 기후변화는 매우 밀접한 관련이 있다는 증거가 하나둘 쌓인 것이다.

벌이 사라지면 커피도 사라지는 이유

2018년 내가 서울대학교에 부임한 이후 2023년 여름에 우리 기후연구실에서 두 명의 첫 박사가 나왔다. 한 사람은 이산화탄소 같은 온실가스를 연구하고, 다른 한 사람은 벌을 연구한다.

나는 기후변화가 왜 발생하는지, 그리고 기후변화가 인류의 삶에 어떠한 영향을 끼치는지를 파악해서 지속가능한 삶의 방식을 찾기 위해 연구하고 있다. 그래서 기후변화의 원인인 온실가스 등에 관한 탄소순환, 기후변화의 결과에 해당하는 자연 생태계에 대한 영향을 같이 연구한다. 기후변화 해결책을 원한다면 이런 접근 방식을 택해야 한다고 생각했기 때문이다. 그래서 내가 배출한 두 박사 중 한 명에게는 기후변화의 원인을 연구하라 했고, 다른 한 명에게는 기후변화의 결과를 공부하도록 했다.

이제는 이러한 접근이 연구실의 문화로 자리 잡았고, 40여 명의 박사와 학생도 두 분야를 연구하고 있다.

자연 생태계 구성 요소 중 벌을 택한 이유는 대중의 관심이 매우 크다는 점도 있지만, 벌이 육상 생태계, 나아가 지구 생태계의 핵심 요소 중 하나이기 때문이다. 벌은 수분 매개자로서 식물의 생장 및 영양 공급에 중요한 역할을 한다. 벌이 없다면 수분 매개가 필요한 식물은 사라질지도 모른다. 식물이 사라지면 그 식물에 의존하는 여러 동물의 생존에도 영향이 미칠 수밖에 없다.

인간도 마찬가지다. 우리가 먹고 마시는 다양한 음식 대다수가 벌 같은 수분 매개자가 필요한 작물이다. 특히 사람들이 좋아하는 커피, 그리고 얼마 전 '애플레이션(apple+inflation)'이라는 신조어까지 등장하면서 가격이 치솟았던 사과 등 늘 접하는 음식과 음료를 위해서는 수분 매개자의 도움이 필요하다. 바꾸어 말하면 벌이 사라지면 내일 아침 커피가 사라질 수도 있다.

지금부터 벌을 사라지게 할 수 있는 용의자들을 하나씩 살펴보자. 우리는 벌이 본격적으로 채밀하러 나가는 봄철에 미세먼지가 벌의 시정을 방해하여 비행에 영향을 끼친다는 새로운 사실을 밝혀냈다.

미세먼지에 주목한 이유는 미세먼지가 기후변화 유발 물질인 탄소 기반 물질을 통해 생성되기 때문이다. 석탄, 석유, 가스 같은 화석연료를 연소하면 온실가스만 발생하는 것이 아니라 미세먼지를 유발하는 전구물질인 일산화탄소 등도 같이 발생한다. 미세먼지는 사람뿐 아니라 벌에게도 영향을 끼칠 수 있다. 벌은 사람처럼 눈에 보이는 풍경으로 길을 찾는 것이 아니라 태양과 자신 사이의 편광을 보고 자신의 위치를 기억하여 채밀한다. 그런데 보통 미세먼지는 빛의 산란 및 반사를 유도하기 때문에 대기 중 빛의 편광에 영향을 미칠 수 있다.

이러한 빛과 미세먼지의 관련성을 고려한 우리 연구진은 벌의 등에 무선주파수 인식 장치 **RFID**, *radio frequency identification*를 부착하고 비행 시간을 측정하여, 미세먼지가 많은 날 벌집으로 돌아오는 시간이 2배 가까이 늘어난 것을 확인했다. 보통 40분이면 돌아와야 하는데 80분 가까이 걸렸다. 미세먼지로 편광이 소멸하거나 약해지면서 집을 찾아오기 어려워졌기 때문이다. 시간이 늘어난다는 점이 곧바로 벌이 사라지는 것과 연결되지는 않지만, 더 많은 외부 위협 요인에 노출될 확률을 높인다. 한편으로는 벌의 체력을 고갈시켜 전체 라이프사이클을 유지하는 에너지가 결핍될 수 있기에 질병에 대한 취약성이 커질 수 있다.

벌은 이상기후에 어떻게 적응할까

요즘은 봄이 지나고 여름이 오면 폭염과 폭우 같은 이상기후가 당연한 듯 찾아온다. 그래서 폭염과 폭우에 벌들이 어떻게 반응하는지 이해하는 것은 앞으로도 심해질 기후변화에 벌들이 어떻게 적응할지 이해하는 데도 필요하다. 이들이 무엇에 취약하고 어떤 문제가 발생할 것인지 이해해야 도울 방법을 찾을 수 있기 때문이다.

그래서 우리는 실험실이 아닌 야외 벌통 안에 첨단 장비를 설치하여 내부 온도, 습도, 이산화탄소, 미세먼지, 그리고 벌의 체온을 측정했다. 본격적인 여름이 오고 기온이 올라가더라도 벌은 항상성(서식지에서 살아가기 위한 최적의 환경으로 유지하는 것)을 유지하기 위한 활동을 잘하는 듯했다. 그러던 어느 날 폭우를 동반한 집중호우가 내리면서 벌통 속 데이터에 특이한 시그널이 나타났다. 미안한 마음이지만, 드디어 기다리던 문제가 발생한 것이다. 폭우가 내리면 벌은 벌통 내 항상성을 위해 온도, 습도, 이산화탄소 등을 유지하려고 노력한다. 그런데 벌이 3가지 변수를 모두 통제할 수는 없기 때문에 우선순위가 필요하다. 측정 데이터에 따르면 벌은 습도와 온도를 조절하는 데 성공했지만, 이산화탄소 조절은 포기했다. 습도와 온도는 빠르게 일정한 값으로 조절되었는데 이산화탄소 수치는 매우 높아졌다. 벌이 아무리 노력해도 모든 걸 제자리로 돌려놓기는 어려웠던 것 같다.

벌통에 이산화탄소가 많아지면 어떤 일이 벌어질까? 해외 연구 사례를 보니 고농도 이산화탄소를 이용하여 실험실에서 영향을 살펴본 결과, 일벌의 수명은 단축되고 여왕벌은 산란율이 저하되었다. 사람은 방 안에 이산화탄소가 많아지면 수면마취제 같은 효과 때문에 졸리는 경향이 있다. 이때 창문을 열고 환기하면 되지만, 벌은 이미 온도와 습도를 유지하기 위해 체력을 소모한 상태여서 고농도 이산화탄소에 대응할 힘이 남아 있지 않다. 더 이상 환기할 힘이 없는 상황에서는 인간처럼 단순히 졸린 정도가 아니라 생명이 위험할 수도 있다.

여름이 지나고 가을이 찾아오니 또 다른 예상 밖의 문제가 발생하기 시작했다. 말벌이 창궐해서 연구실 벌통이 쑥대밭이 되어버린 것이다. 여기저기에 말벌 트랩을 설치해 우리 벌들을 지키려 안간힘을 썼지만, 끝도 없이 밀려드는 말벌을 당해내기 힘들었다. 최근 몇몇 연구자는 자주 출현하는 말벌과 관련하여 기후변화의 영향을 주목하기 시작했다. 기후가 변하면서 말벌의 개체 수가 늘어나거나 새로운 종이 출현했다는 것이다. 기후 변화로 말벌이 번성하면서 꿀벌의 외부 위협이 더 커진 셈이다.

벌의 생존을 위협하는 주범

봄, 여름, 가을을 지나며 한 해 동안 연구한 결과를 보면 모든 것이 기후변화와 관련 있다. 그래서 누군가가 나에게 묻는다면, 기후변화가 분명히 벌의 생존을 위협한다고 말할 것이다. 지금까지 우리가 살펴본 것은 빙산의 일각일 것이다. 아직도 벌에 대해 모르는 것이 너무 많다.

분명히 할 점은 벌들이 실종됐는지 폐사했는지를 정확히 구분해야 한다는 것이다. CCD*colony collapse disorder*라고 불리는 군집 붕괴 현상이 발표된 이후 실종이라는 단어가 무분별하게 사용되는 경향이 있다. 우리 연구실 꿀벌들을 보면 말벌로 인한 떼죽음이 큰 영향을 미쳤고, 이로 인해 약해진 개체군이 제대로 월동하지 못한 것이 주요 원인인 듯하다.

나는 벌을 연구하면서 기후변화의 무서움을 더욱 절실히 깨닫고 있다. 마음 한편으로는 벌들이 사라지는 현상이 기후변화와 상관없었으면 하는 기대도 있었다. 차라리 기후 문제가 아니라 살충제 때문이라면 문제를 좀 더 쉽게 해결할 수 있기 때문이다. 하지만 지금까지 우리가 연구한 결과, 그리고 많은 다른 연구가 벌의 생존을 위협하는 주범으로 기후변화를 지목하고 있다.

벌이 사라지면 우리가 즐기는 모닝커피만 없어지는 것이 아니라 지구 생태계가 무너진다는 것을 가슴에 새겨야 한다. 그리고 이것이 우리가 기후감수성을 가지고 기후변화를 막기 위해 온실가스를 줄이고 탄소중립을 실현해야 하는 이유라는 점도.

불길에 휩싸인 지구의 미래

요즘은 기후변화가 기후위기로 불리는 경우가 많아졌다. 심각한 상황을 유발하며 인간의 목숨을 위협하고 생태계 붕괴를 가속화하면서 기후위기라는 표현으로 '격상'되었기 때문이다. 우리나라의 탄소중립·녹색성장 기본법에는 기후위기가 인간을 위협한다고 명시되어 있다.

전 지구적으로 생존의 위기를 유발하고 있는 기후변화 현상 중 하나는 산불이다. 약 30년 전 대학교에서 기후변화라는 용어를 처음 접했을 때 산불은 기후변화와 동떨어진 개념이었다. 오히려 방재 쪽에서 주로 다루는 현상 정도로 치부되고 있었기 때문이다. 하지만 이제 기후변화를 넘어 기후위기를 대표하는 키워드가 되었다.

지구 곳곳을 위협하는 대형 산불

2025년 1월 전 세계인의 눈과 귀를 의심케 하는 뉴스가 TV를 통해 방영되었다. 많은 이가 가고 싶어 하는 관광지이자 미국 부자들의 대저택이 있는 캘리포니아 말리부 해변을 산불이 뒤덮었다. 로스앤젤레스LA에서 발생한 엄청난 규모의 산불은 인근의 많은 지역에 피해를 끼쳤다.

나는 2013년부터 3년간 LA에 위치한 미국항공우주국NASA 제트추진연구소에서 근무했고 매년 공동 연구를 위해 방문하기 때문에, 뉴스를 보는 순간 놀라지 않을 수 없었다. 심지어 동료들이 많이 살던 연구소 동부 알타데나 지역은 동네가 전소하여 잿더미가 되어버렸다. 캘리포니아는 건조한 기후 특성 때문에 매년 불이 나곤 했지만 이렇게 도심 한복판까지 산불이 번질 줄은 상상하지 못했다. 사실 지금도 좀처럼 믿기지 않는다.

기후위기의 심각성을 일깨우는 대형 산불이 최근 지구 곳곳에서 더 심해지고 있다. 2019년 가을 오스트레일리아 산불이 전 세계를 떠들썩하게 했고, 2024년 10월에는 지중해 그리스에서 산불이 발생하여 축구장 7,000개에 해당하는 면적이 타버렸다. 그리스는 그해 봄, 여름, 가을 가릴 것 없이 산불이 일어나는 이변을 기록했다. 뿐만 아니라 많은 탄소를 흡수하여 지구의 허파라 불리며 기후변화 완화에 이바지하는 남미 아마존 열대우림에서 2025년 17년 만에 가장 많은 산불이 발생했다. 몇 년 동안 이어진 가뭄 때문이었다.

한국에서도 산불이 많이 발생하고 있는데, 특히 2022년 초 영동 지역에서 발생한 산불은 많은 사람의 기억에 아직도 남아 있다. 울진과 삼척을 중심으로 산불이 일어나 많은 이들의 노력에도 꺼지지 않다가 일주일 만에 비가 내려 진화할 수 있었다. 2022년 역사에 남을 산불을 경험한 우리는 더 이상 산불을 겪지 않을 것처럼 여겼지만 그렇지 않았다. 정말 큰 착각이었다. 2025년 3월 경상북도 의성을 중심으로 발생한 산불은 앞서 발생한 모든 산불 관련 기록을 갈아치우고 대한민국 역사상 가장 심각한 산불 중 하나로 기록되었다.

이 산불들은 공통점이 있다. 기후변화로 인해 크게 확산했다는 것이다. 물론 모두 인간에 의해 시작되었지만, 인간이 통제할 수 없을 정도로 커진 이유는 온난화로 대기, 식생, 토양이 건조해졌기 때문이다. 그래서 과거에 비해 불의 규모와 피해 규모도 감당하기 힘들 정도로 커졌다. 2025년 경북 산불의 경우, 넓은 면적의 산림 소실, 소방관 사망을 포함한 많은 인명 피해, 주택과 시설 그리고 문화재 등 다양한 부문의 피해 때문에 약 2조 원의 경제적 피해가 발생했다고 추정된다. 2025년 의성의 예산이 약 7,200억 원, 경상북도 전체가 약 13조 원인 것을 고려하면 피해 규모가 어느 정도인지 짐작할 수 있다.

LA, 그리스, 아마존, 그리고 한국의 강원도 산불 모두 인간의 능력으로는 진화하기 어려웠다. 이러한 산불은 기후변화가 그저 아프리카 사람들의 생존을 위협하는 후진국형 재난이 아니라 미국, 오스트레일리아, 유럽 지역 사람들의 생존을 위협하는 선진국형 재난이 되었다는 의미다.

산불은 인간이 일으킨다?

산불은 대부분 사람 때문에 일어난다. 물론 번개 같은 자연적 요인도 있지만 사람들의 실수로 발화한 작은 불씨 또는 방화 같은 범죄로 인한 것이 대부분이다.

그렇다면 산불이 발생하면 왜 기후변화 때문이라고 말하는지 의문이 들 것이다. 그 이유는 대기와 지면의 조건이 산불이 잘 발생할 수 있는 환경으로 바뀌었기 때문이다. 그래서 작은 불씨에도 불이 잘 붙고, 한번 불이 나면 아주 강하고 오래 타오른다. 오스트레일리아, 미국, 유럽의 산불이 모두 그랬다. 강수량이 줄어 지면을 적실 수 있는 물의 양이 줄어들고 대기 온도가 올라가서 땅속에 조금 남은 물마저 대기로 빨아들여 더욱 땅을 마르게 만들었기 때문이다. 이것이 바로 기후변화다. 그래서 기후변화 때문에 산불이 강해진다고 얘기한다.

2022년 3월에 발생한 강원도 산불도 마찬가지다. 기후변화와의 관련성을 살펴보기 위해, 영동 지역 4개 기상청 관측소(강릉, 동해, 삼척, 울진)에서 관측한 자료를 살펴보면 2000년 이후 지금까지 산불이 발생하기 직전 겨울철 강수량은 10년당 12.6mm 감소했고, 기온은 10년당 0.4도 증가했다. 즉, 오스트레일리아나 미국 서부 지역처럼 강수량이 줄고 기온이 높아져 점점 건조해지는 기후변화 양상을 보였다.

산불은 어떤 영향을 미칠까

영상으로만 봐도 무시무시한 산불은 공기, 토양, 물 등 다양한 분야에 영향을 끼친다. 한국 환경부가 운용하고 있는 정지궤도 환경위성(천리안위성 2B)이 관측한 산불 시기 대기 질을 살펴보면 대기오염물질 이산화질소 NO_2 는 지난 3년간 3월 평균에 비해 최대 3.5배, 초미세먼지(PM2.5)는 최대 22배까지 증가했다. 뿐만 아니라 산불 발생 시 변화할 수 있는 미세먼지를 파악하기 위해 산림청 국립산림과학원이 2021년 강릉에 설치한 관측소 자료를 살펴보면 2022년 동해안 산불 기간 동안 강릉의 극초미세먼지(PM1.0)가 평창에 비해 최대 약 20배 증가했다.

이렇게 증가한 초미세먼지는 호흡을 통해 폐의 가장 깊숙한 곳까지 바로 들어갈 수 있으며 혈류로 유입되어 주요 신체 기관에 영향을 끼칠 수 있다. 최근 오스트레일리아 산불이 초미세먼지에 미친 영향을 조사한 연구팀은 산불로 인한 초미세먼지의 독성이 동일한 양의 일반 실외 대기 초미세먼지의 독성보다 더 강하다고 발표했다.

산불에서 가장 눈에 띄는 것은 다 타버린 나무일 것이다. 봄이면 푸른 새싹이 올라와야 할 산이 온통 까맣게 그을려서 보기만 해도 마음이 심란해진다. 이렇게 많은 나무와 풀이 탔다는 것은 기후변화를 유발하는 대기 중 이산화탄소의 증가를 막아주는 탄소 흡수원을 잃어버렸다는 뜻이다.

산불은 심지어 나무를 흡수원이 아닌 배출원으로 바꾼다. 나무가 탔다는 것은 나무의 형태로 고정되어 있던 탄소가 공기 중으로 이동했다는 뜻이기 때문이다. 더 많은 조사가 필요하지만,

기후변화로 강해진 대형 산불이 불태운 산림 면적을 고려하면 많은 탄소가 배출되었을 것이라 짐작할 수 있다.

우리나라는 국토 면적이 좁아서 인위적 탄소 배출에 비해 자연 흡수량이 너무 적기 때문에 나무 한 그루, 풀 한 포기가 중요하다. 특히 국가 탄소중립 달성을 위해 많은 사람이 고민하는 이 시점에 우리의 소중한 흡수원이 산불로 사라지면 목표를 달성하기가 더 어렵다.

산불로 인한 자연 탄소 흡수원 소실, 그리고 자연 탄소 배출량 증가는 우리나라를 넘어 전 세계인의 고민거리다. 전 지구적으로 보았을 때 산불로 인한 탄소 배출량은 연간 약 2.2PgC(페타그램 탄소 *Petagrams of Carbon*)이다. 전 세계인이 화석연료 연소, 벌목, 토지 이용 등으로 배출하는 연간 배출량의 20%에 해당한다. 2017년 기준 한국의 화석연료 기반 인위적 탄소 배출량 0.168PgC의 13배 정도이다. 이러한 수치에서 알 수 있는 것처럼 전 지구적 산불로 인한 탄소 배출량은 결코 무시할 수 없는 양이다.

그런데 더 큰 고민이 있다. 2100년까지 기후를 예측하는 기후 모델들의 결과를 살펴보면 더 강하고 오랫동안 타는 대형 산불이 빈번해질 예정이기 때문이다. 즉, 산불로 인한 탄소 배출이 늘어날 수 있다. 인간의 다양한 활동으로 인한 인위적 탄소 배출량 증가가 기후변화를 초래하고, 이 기후변화가 다시 자연의 탄소 배출량을 증가시킬 수 있다. 이러한 기후변화 양상을 양의 기후-탄소 되먹임 *carbon-climate feedback*이라고 한다. 현재 많은 기후학자가 양의 되먹임으로 인한 악순환을 심각하게 우려하고 있다. 이런 미래를 원하지는 않지만, 정말 악순환이 시작된다면 생각보다 더 빠르게 지구 기온이 올라가기 때문이다.

꺼지지 않은 불씨

산불로 인한 탄소 배출 외에도 신경 써야 할 부분이 있다. 까맣게 변해버린 지면은 또 다른 기후변화의 요인이 될 수 있다.

여기서 잠깐 지표면 색깔과 관련한 기후학적 특징을 알아보자. 기후학적으로 매우 추운 극 지역을 떠올려보자. 하얀 눈과 얼음으로 덮여 있는 극 지역은 지면의 반사도가 높기 때문에 태양에서 땅으로 오는 에너지(햇빛)의 대부분을 반사한다. 그래서 춥다. 반대로 지면이 검은색이면 어떨까. 극 지역과 정반대 현상이 나타날 것이다. 까맣게 그을린 땅은 태양에서 오는 빛을 대부분 흡수해버릴 것이다. 지면의 색깔이 변하면 태양빛을 흡수하거나 반사하는 비율이 바뀌기 때문이다. 결국 태양에너지를 더 받은 지면은 뜨거워지고 공기는 데워질 것이다. 산불이 꺼졌지만 까맣게 그을린 지면을 빨리 복구하지 않는다면 기온은 나무가 있을 때보다 더 높아질 수밖에 없다.

　인간의 실수로 시작되고 기후변화가 키운 산불이라도 언젠가는 꺼질 것이다. 인간의 노력에 의해서든 비가 내려서든. 그러나 산불이 남긴 영향은 어쩌면 그 이후에 시작될 것이다. 사람들의 건강, 동물 피해, 대기오염, 토양 유실, 수질오염, 탄소 배출량 증가, 지역 온도 상승 등 수많은 불씨가 남아 있다. 산불의 불씨는 아직 완전히 꺼지지 않았다. 그리고 이 불씨는 기후변화라는 불쏘시개 때문에 더 크게 타오를 수 있다는 것을 잊어선 안 된다.

지구는 낫지 않는
독감에 걸렸다

매년 봄이면 기상학회, 기후변화학회, 대기환경학회 등이 기후변화와 관련한 여러 학술대회를 전국 방방곡곡에서 개최한다. 2023년 봄, 오랜만에 학회에 참여하기 위해 고향인 부산으로 갔다. 언제나 그렇듯 선후배들의 새로운 연구 결과를 볼 때면 부럽기도 하고 긴장도 된다. 그래도 천성이 과학자인지, 학회에서 지식을 나누는 일은 언제나 즐겁다.

   아쉬웠던 점은 이때 예기치 않게 독감에 걸려 고생했다는 것이다. 목이 아프고 심하게 갈증을 느끼며 열이 났다. 너무 바쁘게 살아서 좀 쉬라고 휴식 기간을 준 것인지, 심한 증상에 꼬박 이틀 동안 잠만 잤다. 정신을 차려보니 내가 걸린 독감의 증상이 지구의 증상과 닮았다는 생각이 들었다. 극단적인 비교지만 틀리지는 않은 것 같다. 물이 지독하게 마르고 고온에 시달리는 지구의 증상은 독감과 비슷하다.

건조해지는 기후를 해결하는 방법은?

그럼 지구의 독감은 내 경우처럼 일시적인 현상일까, 아니면 또 다른 재앙의 시작을 알리는 신호일까. 사람의 독감이 길게 이어지면 생명의 위협을 받듯이 지구의 독감이 길어진다면 큰 문제가 발생할 수 있다.

2018년 내가 이끌고 있는 연구팀에서 기후변화 분야의 세계 최고 저널 〈네이처 클라이밋 체인지 Nature Climate Change〉에 이 문제에 관한 논문을 발표했다. 주요 내용은 지구의 급격한 건조 지대화 aridification를 막기 위해서는 지구온난화를 산업화 이후 1.5도 이하로 제한해야 한다는 것이다. '건조 지대화'란 일시적 현상이 아니라 장기적 관점에서 지역의 기후가 건조해진다는 의미다. 즉, 특정 해에 유난히 비가 적게 와서 가뭄이 나타나거나 일시적으로 대기가 건조한 것에서 그치지 않고 장기적으로 기후가 건조하게 바뀐다는 것을 뜻한다.

우리 연구팀은 IPCC 보고서에 참여하고 있는 27개 기후 모델의 미래 기후 전망 자료를 이용해, 인류가 지금처럼 아무 대책 없이 온실가스를 배출했을 때 어느 시점에 지구의 얼마나 많은 지역에서 건조 지대화가 나타날지를 예측했다. 앞으로 인류가 온실가스 배출로 인한 전 지구온난화를 산업화 시점 대비 2도 정도로 제한하는 것을 목표로 했을 때, 아주 심각한 건조 지대화는 중남미, 남유럽, 남아프리카, 중국 남부, 오스트레일리아 해안가를 중심으로 육지 면적의 24%에서 나타난다고 예측되었다. 육지의 약 4분의 1 면적에서 영구적으로 사막화가 진행되거나 지속적인 가뭄에 시달리게 될 것이라는 의미다. 뿐만 아니라 빈번한 산불로 그 지역의 생태계가 돌이킬 수 없는 피해를 입을 수 있다. 앞서 언급한 현상이 하나라도 발생한다면 현재 그곳에서 볼 수 있는 생태계를 다시는 볼 수 없다는 것 또한 분명하다.

만약 온실가스 배출을 줄이는 노력을 통해 온난화를 산업화 시점 대비 1.5도 이내로 막는다면 건조 지대화가 심각한 지역이 육지 면적의 18% 정도로 조금 줄어들 것이다. 온실가스 배출을 줄이는 노력을 통해 온난화 목표를 낮추는 것만으로 심각한 건조 지대화의 피해를 조금이나마 막을 수 있다는 의미다.

수분을 잃어버리는 땅

그렇다면 온실가스 증가로 건조 지대화가 나타나는 지역이 왜 이렇게 많아지는 것일까. 핵심은 온도 상승 때문이다. 온실가스 때문에 온도가 올라간다는 것은 이제 전 국민이 잘 알고 있을 것이다. 온도가 상승하면 대기 중 공기가 품을 수 있는 수분의 양이 늘어나 지속적으로 땅에서 수분을 끌어올린다. 땅의 측면에서 보면 물이 대기로 급격히 증발할 수 있다는 뜻이다. 지금 육지 대부분은 온실가스 증가로 인한 온난화를 겪고 있기 때문에 육지에서는 끊임없는 증발을 통해 물이 빠져나간다고 볼 수 있다.

또 하나 중요한 점은 온도가 높아진 만큼 물이 더 많이 빠져나가기 때문에 비가 와서 땅에 물이 공급되더라도 과거보다 비가 더 내려야 한다는 점이다. 그래야 기본적으로 그 땅이 원래 함유하고 있던 일정량의 수분을 지닐 수 있다. 만약 과거보다 비가 더 적게 오거나 똑같은 양이 내린다면 지속적으로 땅의 물이 부족해질 수밖에 없다. 땅의 물 수요 대비 공급이 줄면 그 지역은 건조 지대화된다. 결국 온난화와 물 순환의 적절한 균형이 유지되지 않는 지역이 문제가 된다.

우리의 연구 결과에서 또 하나 주목할 점은 심각한 건조 지대화가 나타날 것이라고 예견되었던 지역에 지금 일어나고 있는 일을 파악한 것이다. 그때는 과거지만 이제는 현실이기에 우리의 예측이 얼마나 잘 맞았는지 확인할 수 있기 때문이다. 예를 들어 연구에서 경고했던 남유럽, 오스트레일리아 같은 곳을 보면 흥미로운 점이 있다. 이 지역은 지금과 같은 온실가스 배출을 유지한다면 전 지구 평균 온난화 1.5도에 도달하기 전에 건조 지대화가 나타날 것이라 예견되었다. 그런데 논문이 출판된 바로 다음 해 겨울에 세상을 놀라게 한 대형 산불이 오스트레일리아에서 발생했다. 이 역대급 산불은 1년 넘게 많은 지역을 태웠을 뿐만 아니라 많은 생명체의 목숨을 앗아간 충격적인 사건이었다. 그리고 2021년 튀르키예에서는 유례없는 산불로 국토 면적의 약 50%가 불에 타버렸다.

모두 온난화로 인해 건조 지대화가 가속화될 것이라 경고했던 지역이다. 토양이 충분한 물을 지니지 못하고 대기는 말라서 아주 작은 불씨에도 큰불이 날 수밖에 없는 환경으로 바뀌었기 때문이다. 사실 많은 기후 모델이 1.5도에 도달하는 시간을 2030~2050년으로 보고 있어, 그전에 이런 사태가 발생할 것이라고 예측했기 때문에 2020년에 나타난 것도 그리 놀라운 일은 아니었다.

오스트레일리아와 튀르키예 사례를 보면 우리의 예측은 정확했다. 그렇다고 기분이 좋지는 않았다. 로또 결과였다면 너무

기뻤겠지만, 이런 처참한 예측이 맞을 때는 기분이 좋을 수 없다.

이 논문뿐만 아니라 다른 많은 연구 결과에서 유사한 이야기들이 쏟아져 나오고 있다. 지금 이 순간에도 수많은 기후변화 연구 논문들이 이산화탄소, 메테인 같은 온실가스의 무분별한 증가를 경고하고 있다. 현 상태가 유지되면 1.5도를 넘기고 2도까지 가서 더 큰 피해가 나타난다. 그리고 2도를 넘어가면 상상하기도 싫은 일이 나타날 수밖에 없다. 이것이 과학이고 진실이기 때문에 위기의식을 가져야 한다.

독감에 걸렸을 때 다행히 나는 약을 먹고 의사의 조언에 따라 물도 많이 마셔서 회복했다. 그런데 지구는 감기약도 없고 마실 물도 없다. 처음 질문으로 돌아가서 답하자면, 지구의 독감은 길어질 수 있다. 현재 우리가 가진 기술로는 지구의 독감을 완치할 수 없기 때문이다.

다만 하나의 희망은 탄소중립을 통해 증상을 완화할 수 있다는 점이다. 사실 오늘부터 탄소 배출이 전혀 없는 탄소제로를 시작할지라도 지구의 기온은 당분간 올라간다. 지구 시스템 내 바다는 공기보다 느리게 데워지고 느리게 식기 때문에 지금 잔뜩 데워진 바다가 열을 내뿜어 기온을 올릴 수 있다. 라면을 끓일 때 가스레인지 불을 꺼도 뜨거워진 냄비 속 국물에서 열기가 나오는 것과 같은 원리다. 그러니 우리는 기온이 걷잡을 수 없이 올라가기 전에, 할 수 있는 방법을 동원해 최대한 탄소 배출을 줄여나가야 한다. 그래서 더욱 기후감수성이 필요하다. 지금 당장이라도 예민하고 기민하게 무엇을 해야 할지 고민하고 실천해야 한다.

혹독한 더위는
이제부터 시작이다

 몇 년 전 영국 BBC 뉴스에서 충격적인 장면을 목격했다. 인도 하늘을 날던 새가 폭염으로 인해 떨어져 죽은 것이다. 심지어 인도 남부 지방의 한 마을은 섭씨 50도라는 믿기 힘든 기온이 측정되었다. 말이 섭씨 50도지 대기 온도가 50이면 그 지역 도로는 100도 가까이 올라가서 타이어도 녹일 정도였을 것이다. 인도를 강타한 폭염은 많은 이의 목숨을 빼앗았고 재해를 넘어 재앙이 되었다. 폭염으로 달아오른 쓰레기 매립지와 말라버린 산에서는 화재가 발생했다. 산불로 발생한 연무와 미세먼지는 인도의 하늘을 덮어 14억 인도인의 건강을 위협했다.
 더 큰 문제는 폭염이 인도뿐만 아니라 전 지구 곳곳에서 해마다 지속적으로 발생하고 있다는 것이다. 우리나라에서는 아직 느껴보지 못했지만, 인도에서 벌어졌던 일련의 일들이 앞으로 우리가 마주할 일상이 될 수 있다. 그래서 지금 인도를 면밀히 들여다봐야 한다.

인도가 뜨거워진 이유

왜 인도에 이렇게 뜨거운 폭염이 발생할까. 그리고 이 폭염은 우리한테 어떤 메시지를 줄까.

인류의 다양한 산업·경제·문화 활동으로 인한 온실가스 배출량 증가는 북반구 많은 지역의 기온을 마구 끌어올리고 있다. 특히 북반구 극 지역은 전 지구 평균보다 훨씬 높은 2도 이상의 온난화 경향성을 보인다. 극 지역은 전 지구 온도의 평균값을 높인다. 이를 지구온난화의 극지 기온 강화 *arctic warming amplification* 라고 한다. 인도 폭염의 주요 요인 중 하나는 이러한 극 지역의 온난화다. '인도는 극 지역과 멀리 떨어져 있는데 왜 극 지역 이야기를 하지?' 하며 혼란스러울 수도 있겠지만, 인도 폭염은 극 지역의 기후변화와 관련 있다.

북반구 극 지역의 차가운 공기와 적도 열대 지역의 따뜻한 공기 사이에는 제트기류라는 강력한 편서풍(서쪽에서 동쪽으로 부는 바람)이 불고 있다. 우리 머리 위 약 10km 높이에 있는 초속 30m 이상의 바람이다. 이 바람은 사람들이 살고 있는 아래쪽 날씨에도 큰 영향을 끼친다. 태풍의 바람이 초속 17m 이상부터 시작하고, 초속 30m면 가로수가 뽑히거나 오래된 집이 무너질 수 있으니 얼마나 강력한지 짐작할 수 있을 것이다. 이 빠르고 강한 바람은 극 지역의 차가운 공기와 적도의 따뜻한 공기를 사이좋게 갈라주는 칸막이 역할을 하고 있다.

그런데 최근 발표된 많은 연구에 따르면 극지의 온난화가 강해지면 제트기류가 약해진다. 일직선으로 곧게 뻗어 있던 칸막이가 지렁이가 기어가듯 구불구불해지면서, 위로 볼록해진 지역에서는 아래쪽 더운 공기가 북상하고 아래로 볼록해진 지역에서는 극 지역의 차가운 바람이 내려가는 현상이 나타난다. 그렇다면 지금 인도는? 대충 짐작할 수 있을 것이다. 제트기류가 위로 볼록해진 지역에 위치하면서 적도 열대 지역의 뜨거운 공기가 인도를 강타하고 있다.

여기서 잠깐, 왜 제트기류에 제트란 이름이 붙었을까. 제트기와 관련 있는 것일까? 원래 제트라는 용어는 아주 빠른 유체(가스나 물)의 흐름을 의미한다. 인류가 제트기류를 처음 발견한 것은 제2차 세계대전 때이다. 당시 일본에 폭탄을 투하하러 가던 미군

폭격기의 비행 시간이 예상보다 오래 걸리면서 제트기류의 존재가 알려지게 되었다. 제트기류는 서쪽에서 동쪽으로 불기 때문에, 미국(동)에서 일본(서)으로 가면 바람의 방향을 역행하기에 비행 시간이 오래 걸릴 수밖에 없다. 보통 비행기가 다니는 순항고도가 제트기류의 위치와 비슷하기 때문에, 비행 시간이 제트기류의 영향을 받을 수밖에 없다. 그래서 서울에서 LA로 가는 비행기는 LA에서 서울로 돌아올 때보다 비행 시간이 짧다.

본론으로 돌아와서, 인도의 폭염은 단순히 인도가 급격히 산업화하며 온실가스를 많이 배출했다거나 무분별한 토지 이용 및 개발을 했기 때문이라고 얘기할 수 없다. 물론 이러한 요소들이 어느 정도 영향을 끼쳤겠지만, 확실한 점은 인도가 만든 하나의 원인이 아닌 다양한 요인이 연결되어 나타난 지구 시스템 차원의 기후변화 문제라는 것이다.

인도가 위험해지면 세계도 위험해진다

이제 폭염의 원인은 분명해졌으니 폭염이 어떤 결과를 가져왔는지 알아보자. 여러 매체에서 보고했듯이 인도의 폭염은 온열질환으로 이어져 인도인의 목숨을 직접적으로 위협했고, 산불 및 화재로 이어져 대기 질을 악화시켰다. 주목할 점은 이처럼 인도 내에서 발생한 문제가 아니라 인도 국경 밖에서 나타난 문제들이다.

전 세계에서 두 번째로 많은 밀을 생산하는 인도는 지구의 곡창지대*breadbasket* 중 하나다. 폭염으로 밀 생산이 줄면서 인도 정부가 밀 수출 금지령을 내리고 유럽의 밀 가격은 가파르게 상승하기 시작했다. 러시아-우크라이나 전쟁으로 우크라이나의 밀 수출이 막히면서 인도는 밀 공급 부족분을 충당할 유일한 대안으로 여겨졌다. 폭염 때문에 인도가 밀 수출을 제한하면 단순히 곡물 가격 상승을 넘어 전 세계 많은 국가의 식량 공급 문제에 영향을 끼칠 수 있다. 실제로 폭염을 인한 인도의 농산물 생산량 감소는 자국의 식량 안보를 위한 수출 금지라는 정책으로 이어졌고, 이러한 결정은 주변국의 식량 위기를 초래했다.

엎친 데 덮친 격으로 기후변화에 의한 겨울 가뭄으로 세계 4위 밀 생산 국가인 미국의 생산량 또한 예년에 비해 25% 이상 떨어지며 전 지구의 식량 위기를 부추겼다. 전쟁과 기후변화가 유발한 식량 위기를 해결할 가뭄의 단비는 당분간 없다는 뜻이다.

한국은 혹독한 폭염을 감당할 수 있을까?

최근에도 수많은 연구자가 온실가스 배출량 증가에 따른 폭염 강화를 지속적으로 경고하고 있다. 많은 경고대로 폭염의 빈도는 늘어나고 강도 또한 강해지고 있다. 경험하고 싶지 않지만, 인도의 폭염 사례를 보면 과학자들의 연구가 틀리지 않았다는 것을 알 수 있다.

2025년 여름 한국도 모든 기록을 갈아치우는 118년 만의 폭염을 경험했다. 진짜 걱정은 이제부터 시작이다. 지난 20년간 기후변화를 연구해온 수많은 과학자의 예측이 맞다면 앞으로 우리가 맞이할 미래는 어떨지 걱정이 앞선다. 안타깝게도 어쩌면 2025년이 혹독한 더위의 마지막이 아니라, 폭염이 강해지는 원년이 될지도 모르기 때문이다. 2021년 IPCC에서 발간한 6차 보고서의 미래 전망을 보면 정확히 "앞으로 폭염은 강해짐"이라고 나온다. 그리고 기후위기의 마지노선으로 잡고 있는 지구 평균기온 1.5도를 넘기지 않더라도 우리가 한번도 경험하지 못한 여름이 곧 올 것으로 전망되고 있다. 이제는 피할 수 없다는 뜻이다.

인도 폭염의 원인과 결과를 보면 기후위기 대응을 위해서 전 인류가 함께 깊이 고민해야 한다는 것을 알 수 있다. 인도가 겪고 있는 폭염이라는 이름의 재앙은 모든 국가에 나타날 수 있다. 만약 인도와 같은 일이 한국에 일어난다면 우리는 감당할 수 있을까? 생각만 해도 끔찍하다.

2025년 여름의 한국을 떠올려보면 머지않아 우리도 인도에서 발생한 수준의 폭염을 경험하게 될 것임을 예상할 수 있다. 이러한 폭염은 우리가 경험했던 어떤 산불보다 훨씬 큰 산불을 만들어낼 수도 있다. 뿐만 아니라 수자원 확보와 농작물 생산의 딜레마에 빠질 수 있다. 나아가 식량 위기로 인한 안보 위협 요인이 발생할지 모른다. 단순히 더워지는 것만이 아니라 많은 문제가 도미노처럼 끝도 없이 이어질 수 있다. 그래서 지금 인도를 통해 '학습'해야 한다. 요즘 많은 분야에서 각광받는 인공지능처럼 인도라는 양질의 자료를 학습해서 정확히 예측하고 대응해야 한다. 지금 인도를 보라. 이게 우리의 미래, 우리가 맞이할 기후위기의 현재가 될 수 있다.

재난영화처럼 퍼붓는 폭우의 비밀

2022년 8월 8일, 하늘에 구멍이라도 난 듯 비가 쏟아졌다. 서울을 포함한 수도권 여기저기 하늘에서 하염없이 물폭탄이 떨어졌다. 서울은 시간당 강수량 136.5mm를 기록하며 역대 최고치였던 1942년 8월 5일 118.6mm 기록을 80년 만에 갈아치웠다. 요즘 초등학교 1학년 남학생 평균 키가 122cm라고 하니, 136.5mm의 비가 대략 9시간 내리면 초등학교 1학년 남학생 키 높이 정도의 물이 하늘에서 떨어지는 것이다. 도시 밖으로 빠져나가지 못한 물은 계속 차올라 도로의 차들을 집어삼켰다. 재난영화의 한 장면이 현실이 된 듯했다.

인간이 감당할 수 없을 만큼의 강력한 폭우! 이것이 극한 호우-*extreme precipitation*다. 짧은 시간에 평소보다 많은 양의 비가 내리는 기상 현상으로, 기후변화로 인해 전 세계적으로 빈도와 강도가 증가하고 있다. 게다가 극한 호우는 일반적인 비와 달리 돌발성, 국지성, 집중성이 강해 예측하기가 무척 어렵다.

지구를 돌고 도는 물폭탄

도대체 이 많은 물은 어디에서 온 것일까? 물은 지구상에 여러 형태로 존재한다. 바닷물, 호수, 강, 지하수, 토양 수분, 비, 공기 중 수증기 등으로 다양하다.

지구상 물의 총량은 13억km³ 정도로 형태만 바뀔 뿐 일정량을 유지한다. 즉, 바다에서 증발하여 비가 되기도 하고, 빙하가 녹아 바닷물로 바뀌기도 하며, 호수의 물이 증발하여 구름이 되기도 한다. 다만 이 물은 지구 밖으로 빠져나가지 않는다.

지금 이 순간에도 온난화로 인해 북극에서는 빙하가 녹고, 알프스의 만년설은 녹아내리고 있다. 이렇게 녹아내린 물은 어디로 갔을까? 아마 액체(바다, 강, 호수) 상태로 저장되어 있거나 기체(수증기)가 되어 지구 어딘가를 떠돌고 있을 것이다.

비가 적게 오고 가뭄이 심해지면 댐 안의 물이 말라가기도 한다. 온난화가 유발한 증발 때문에 물이 기체가 되어 어딘가로 이동하는 것이다. 일례로 2022년 미국 영화에 자주 등장하는 콜로라도강 후버댐 미드호의 수위가 1937년 물을 채우기 시작한 이래 가장 낮은 수치를 보일 정도로 물이 말라버렸다. 온난화로 인해 액체상의 물이 기체 형태로 변하여 어딘가로 가버린 결과다.

아주 오랫동안 얼어 있던 만년설이 단 1년 만에 녹아서 생긴 물, 댐 위 호수에서 사라진 물이 지구를 돌고 돌아 집중호우가 되어 어딘가에 내릴 수 있다. 이것이 지구 물순환의 기본이기 때문이다. 이렇게 빠르고 강력한 변화는 기후변화가 아니면 설명할 수 없다.

2022년 8월 한반도에 들이닥쳤던 물폭탄도 기후변화와 관련 있을 수 있다. 왜냐하면 당시 내린 비는 기상학적으로 볼 때 확장된 북태평양 고기압과 티베트 고기압이 충돌하여 발생한 정체전선 때문에 내린 강수였고, 두 기단이 충돌한 강도가 다소 강하기는 했지만 보통 여름철 장마에서 볼 수 있는 전형적인 패턴이었기 때문이나. 비를 뿌린 정체전선의 메커니즘 자체는 여느 여름과 다른 특별한 패턴은 아니었다. 그래서 기후변화로 인해 빠르게 변하는 물순환의 영향을 받았을 가능성이 제기된다.

널뛰기하는 강수량

기후변화라고 하면 많은 사람이 가장 먼저 온난화를 떠올리곤 한다. 장기간의 평균기온이 상승하는 '경향성'을 대변하는 온난화를 기후변화의 대표적인 예시로 알기에, 특별한 경향이 없는 강수량 변화 같은 경우 기후변화가 아니라고 생각하는 사람들도 있다. 하지만 기후변화는 이렇게 경향성을 가진 현상뿐만 아니라 '변동성'의 변화도 포함한다.

강수량을 기준으로 평균의 변화와 변동성의 변화에 대해 이해하면 좋을 것 같다. (지금부터 숫자가 많이 나오니 집중) 예를 들어 1990년대 초 5년 동안 여름철 강수량이 300mm, 400mm, 200mm, 600mm, 500mm를 기록했다면(이 숫자는 모두 가정이다) 5년 평균 강수량은 400mm이다. 여기서 매년 강수량의 편차는 평균과 매해 내린 양의 차이로 설명하여 -100mm(400~300), 0mm(400~400), -200mm(200~400), 200mm(600~400), 100mm(500~400)이다.

변동성이란 5년 동안 매해 다른 양의 편차를 보이는 것을 의미한다. 어떤 해는 평균(평년이라고도 함)보다 비가 많이(+) 올 때도 있고 어떤 해는 평균보다 적게(-) 올 때도 있다는 의미다. 즉, 어떤 해는 너무 많이 오고 또 다른 해는 너무 적게 온다고 이해하면 된다.

그런데 만약 시간이 흘러 2010년대 초 5년간 강수량이 400mm, 500mm, 300mm, 700mm, 600mm를 기록했다면, 평균 강수량은 5개 연도의 평균인 500mm으로 증가 경향을 보여 누가 봐도 기후가 변했다고 생각할 수 있다. 그러나 5년 동안의 강수량에 대한 편차는 -100mm, 0mm, -200mm, 200mm, 100mm로 분포가 거의 동일하기 때문에 변동성의 변화는 없다고 할 수 있다. 비가 가장 많이 왔을 때를 비교해봐도 평균보다 200mm 이상 내린 해는 2010년대에도 없기 때문이다. 그런데 만약 비가 200mm, 500mm, 100mm, 800mm, 400mm로 내렸다면 5년간 평균이 400mm여서 1990년대 초와 비슷하기 때문에 자칫하면 이건 기후변화가 아니라고 생각할 수 있다. 그러나 매해 편차를 보면 -200mm, 300mm, -300mm, 400mm, 0mm로 확실히 평균값에 대한 차이가 커지는, 즉 매해 변동 폭이 커지는 것을 알 수 있다. 이것이 바로 변동성의 변화이며, 분명한 기후변화라 할 수 있다.

여기서 주목할 점은 변동성이 커졌다는 것이다. 앞의 사례에서 보면 1990년대에는 비가 많이 와도 평년에 비해 50% 정도 많이 왔지만, 2010년대에는 평년에 비해 100% 더 많이 내린 해가 나타났다. 강수량이 늘어나 홍수 같은 호우 피해가 발생할 확률이 커졌다.

  반대로 과거에는 적게 올 때 평년의 50% 정도였지만, 최근 평년의 75% 이상 줄어든 해가 나타났다. 즉, 강수량이 부족하여 가뭄이 발생할 확률이 커질 수 있다. 온도와 달리 강수는 평균값이 뚜렷하게 증가하거나 줄어드는 경향성이 없더라도 변동성이 뚜렷하게 커지면 가뭄과 홍수라는 양극단의 재해를 유발할 수 있다. 예로 든 사례의 숫자들은 모두 편의상 사용한 것이지만, 최근 전 세계 많은 지역에서 실제로 강수량의 변동성이 커지고 있다. 강수량의 널뛰기가 강해지는 방향으로 기후가 변해가고 있다.

  특별한 경향성이 없다는 것은 정확히 예측하기가 어렵다는 의미다. 실제 강수량의 경년변화(연별 차이)는 예를 들어 설명한 가상의 강수량처럼 매해 규칙적으로 늘었다 줄었다 하는 경우가 드물다. 앞에서 언급했듯이 강수를 구성하는 물은 지구 물순환이라는 거대한 시스템과 연동되어 있어 단순히 비를 내리는 구름과 여러 기상 조건만 생각하면 되는 것이 아니라 지구 물순환을 구성하는 다양한 요인의 변화를 함께 이해해야 하기 때문이다.

  지구의 물순환은 인간에 의한 온실가스 증가로 지금 이 순간에도 계속 바뀌고 있다. 변화하는 지구 물순환의 영향을 받는 강수를 물순환이 변화하지 않았던 과거의 메커니즘으로 설명할 수 없다는 뜻이다. 결국 온실가스 증가로 인한 물순환의 변화를 정확히 이해하지 못하면 불규칙한 강수량 변동성을 '완벽히' 예측하는 것은 어려울 수밖에 없다.

우리가 목격한 물폭탄 같은 극한 호우는 분명 기후변화와 관련 있다. 하루도 안 되는 시간 동안 내린 비로 사람이 목숨을 잃고, 도로는 마비되고, 주택가의 나무들은 뽑혀 나가고, 지하철역이 침수되는 등 재난영화 같은 일들이 최첨단 디지털 과학 문명 시대를 살고 있는 서울 한복판에서 일어났다. 이것이 바로 우리가 배출한 그 많은 탄소로 인해 치르고 있는 대가다. 이러한 자연의 경고에도, 미래 사회를 이루기 위해 지금까지 해왔던 대로 탄소 기반의 산업 및 경제구조에 의존한다면 앞으로도 매해 같은 일이 벌어질 수 있다.

붉은 가을이
초록 낙엽으로 덮이기 시작했다

2024년 가을 단풍 실종 사건이 전국을 떠들썩하게 만들었다. 단풍을 즐기기 위해 많은 사람이 전국의 산을 찾았지만 단풍을 볼 수 없었기 때문이다. 단풍은커녕 아직 여름이 끝나지 않은 듯 국토 곳곳이 푸른빛을 띠고 있었다.

당시 나도 길을 걷다가 놀라운 광경을 목격했다. 길에 떨어진 은행나무잎이 노란색이 아니라 초록색이었다. 눈을 의심할 정도로 푸르른 나뭇잎들이 바닥에 떨어져 있었다. 아마 많은 분이 나처럼 당황했을 것이다. 단풍 시작 시기가 늦어져 11월 초가 되었음에도 은행나무잎이 노란색으로 변하지 않은 것도 신기한데, 이제는 초록색 은행나무 낙엽이 바닥에 깔렸다. 도대체

나무에 무슨 일이 일어난 것일까. 누가 나무의 시계를 망가트린 것일까. 지금부터 나무의 시계를 고장 낸 주범을 찾아보려 한다.

나무는 어떻게 추위를 알아차릴까

한국이 위치한 온대 지역의 낙엽활엽수(계절 변화를 따르는 잎이 있는 나무)는 일정한 추위를 경험하면 단풍이 시작되고 이어서 낙엽을 떨어트린다. 종마다 다르지만, 여름에서 겨울로 넘어가면서 일조량이 줄어드는 시점부터 특정 기온 이하의 추위를 감지하기 시작하고, 일정량의 누적된 추위까지 견디다 자신의 한계를 넘어서면 광합성을 멈추고 색을 변화시키기 시작한다. 이렇게 나무가 인지하는 추위를 냉방도일 *cooling degree day*이라고 한다.

   냉방도일이란 용어는 에너지 분야에서 여름철 에어컨 사용과 관련한 수요 예측에 많이 사용되어 헷갈릴 수도 있지만, 영어가 같기에 여기서는 같은 용어로 표기하겠다. 더위를 식혀주는 에어컨 같은 경우 온도가 높은 날이 많으면 에너지를 많이 쓰게 되지만, 나무의 냉방도일은 특정 온도보다 낮은 경우만 고려하는 개념이어서 정반대이지만 용어가 같다. 하나의 용어이지만 인간과 나무에 다르게 사용하고 있다.

그럼 단풍 시작 시기에 대해 좀 더 살펴보자. 특정 나무가 섭씨 3도 이하의 추위를 기피하고 단풍에 필요한 총냉방도일이 -50이라고 했을 때, 나무는 3도보다 낮은 날 기온을 감지하여 누적하기 시작한다. 일조시간이 특정 시간 이하로 줄어드는 날(예: 8월 20일)부터 매일 3도보다 낮을 경우를 인지하기 시작하는데, 만약 다음 날(8월 21일)이 2도면 2-3=-1, 그리고 다음 날(8월 23일)이 4도면 3도보다 크기 때문에 0, 또 다음 날(8월 24일)이 -1도면 -1-3=-4다. 그래서 3일간 -5가 냉방도일로 축적되었고, 이렇게 하루하루가 지나면서 더해지는 값이 -50에 도달하면 단풍이 시작된다.

늦여름이나 가을에 기온이 높으면 3도 이하인 날의 수가 줄어든다는 뜻이기 때문에 단풍이 필요한 냉방도일에 늦게 도달하게 된다. 그래서 온난화와 같은 기후변화가 단풍 시작 시기를 늦추고 있다. 최근 왜 이렇게 단풍이 늦게 시작되는지 궁금했다면 이제 답을 찾았을 것이다.

나무의 시계가 고장 난 이유

다음으로는 왜 나무가 초록색 낙엽을 떨어뜨리는지를 유추해보

자. 나무가 추위를 인지하고 단풍이 시작되어 잎의 색깔이 변하고 잎이 떨어지는 과정에서 급격하게 추워지는 날씨의 영향을 받았을 수 있다. 실제로 초가을 기온이 높았기에 단풍 시작 시기가 늦어져 잎은 여전히 초록색으로 달려 있었지만, 날씨가 급격히 추워져 며칠 만에 너무 빨리 냉방도일에 도달한 것이다.

종마다 조금씩 다르지만 나무는 기후학적으로 단풍이 시작되고 나무 내부의 수분 공급을 차단하고 색깔이 점점 바뀌는 시간, 그리고 수분을 완전히 차단하기 위해 나뭇잎을 낙엽으로 떨어트리는 시간이 있다. 그런데 급격히 추워진 날씨 때문에 너무 빨리 냉방도일에 도달하면 나무의 생체시계가 망가져버린다. -50이라는 숫자를 향해 마라톤처럼 서서히 달려가야 하는데 100m 달리기처럼 너무 빨리 뛰다 넘어져버린 결과다.

결국 나무의 시계는 기후변화의 속성인 평균과 변동성의 변화 2가지 모두의 영향을 받아서 고장 난다. 매해 가을 기온이 조금씩 상승하면서 가을의 계절 기후가 바뀐 것이 '평균의 변화'이다. 이 변화에 따라 나무의 단풍 시기가 늦어지고 있다. 그리고 너무 추운 날이 급격하게 자주 발생하면서 미처 준비가 안 된 나무가 낙엽을 떨어트리는 것이 '변동성의 변화'가 미치는 영향이다. 따라서 초록색 낙엽 사건의 주범은 기후변화일 수밖에 없다. 평균과 변동성의 변화로 인한 영향은 겨울에도 똑같이 나타나고 있다.

2019년 미국의 도널드 트럼프 대통령 재임 시 미국에 영하 50도의 한파가 불어닥친 적이 있다. 그때 트럼프가 외쳤던 주장은 지구온난화는 허구이며, 지금 너무 추우니 가장 필요한 것은 지구온난화라는 것이었다. 당시 미국 한파도 앞에서 설명한 것처럼 겨울이 너무 따뜻해져(평균의 변화) 극 지역의 얼음이 녹고 그로 인해 영향을 받은 대기의 공기막이 약해지면서(변동성의 변화) 차가운 극지 바람이 미국으로 불어닥친 것이었다. 트럼프는 공부를 좀 해야 할 것 같다. 여전히 기후위기를 부정하는 그에게 기회가 된다면 누가 이 글을 읽어주면 좋겠다.

사라지는 사계절의 경계

초록색 낙엽을 살펴보면 기후변화가 나무에 미치는 영향, 더 나아가 생태계 취약성을 알 수 있다. 나무의 단풍이 늦어진다는 것은 나무의 휴면 시작 시기가 늦어진다는 의미다. 온대 지역 낙엽활엽수는 가을에 잎을 떨어뜨려 휴면에 들어간다. 추운 겨울을 무탈하게 지내기 위해 긴 잠을 청하는 것이다. 그리고 추운 겨울 동안 내한성을 기르며 더욱 건강한 나무가 되기 위해 에너지를 비축한다. 사람이 충분한 수면을 취해야 건강한 하루를 보낼 수 있듯이 나무도 충분한 휴식을 취해야 사계절을 꿋꿋하게 버틸 수 있다. 나무도 수면이 부족하면 다음 해 가뭄, 폭염, 한파에 더욱 취약해질 수 있기 때문이다.

이러한 생태계 취약성은 결국 인간 또한 취약해질 수 있다는 것을 암시한다. 그런데 왜 우리는 이토록 무딘 것일까. 눈으로 초록 단풍을 보기 전까지 왜 인지하지 못하는 것일까.

어쩌면 우리가 기후변화를 둔감하게 느끼는 이유는 사계절이 있기 때문일지 모르겠다. 사계절이 존재한다는 것은 봄·여름·가을·겨울 기온의 변화에 따라 갈아입을 옷이 준비되어 있고, 건조한 계절에는 가습기를, 습윤한 계절에는 제습기를, 너무 더울 때는 에어컨을, 너무 추울 때는 난방장치를 가동하여 쉽게 날씨 변화에 대응할 수 있다는 뜻이다. 최근 가을처럼 너무 더워 반소매를 입다가 단 하루 만에 영하로 떨어져도 그냥 장롱 속 두꺼운 재킷을 꺼내 입으면 되기 때문이다. 인간은 할 수 있지만 나무는 하지 못하는 일이다.

온난화가 없었다면 단풍 시작 시기가 늦춰지지 않았을 것이고 초록색 단풍을 볼 일 또한 없었을 것이다. 계절 변화는 위에서 아래로 물이 흘러가듯 자연스러운 것이 맞다. 그러나 지금 우리가 마주하는 생태계의 변화에서는 사계절의 경계가 무너지는 것처럼 보인다. 이렇게 계속 가다 사계절의 경계가 사라진다면 단순히 옷을 갈아입는 것만으로 문제가 해결되지 않을 것이다. 우리가 사는 한국은 뚜렷한 사계절의 변화에 맞추어 의식주가 결정되었기에, 사계절 변화가 사라진다는 것은 사회·경제·문화 시스템 등 삶의 전반이 송두리째 흔들린다는 것을 의미한다. 이 문제가 더 심각해지면 우리는 삶의 방식을 바뀌어야 하는 더 큰 대가를 치를 수밖에 없다.

    역사가 증명하듯이 문명은 인간과 환경이 조화를 잃는 순간 몰락한다. 그래서 우리는 기후감수성을 갖추고 좀 더 예민하게 기후위기에 대응해야 한다.

차가운 눈을 그리워하는 설원의 눈물

나는 겨울을 좋아한다. 해마다 추운 겨울이 찾아오면 아들과 스키를 즐기러 매주 강원도에 방문하기 때문이다. 짧은 겨울, 그것도 주말에만 가능하지만 오로지 아이와 둘이서 시간을 보낼 수 있다. 숨 막혔던 일상에서 탈출하듯 빠져나와 하얀 설원 위에 서 있으면 모든 근심, 걱정이 사라진다. 나뿐만 아니라 설원 위에 몸을 맡긴 대부분의 사람들이 비슷한 심정일 것이다.

작년 겨울 여느 때와 같이 리프트를 타고 능선을 오르다가 흔치 않은 광경을 발견했다. 깊은 계곡 사이로 눈이 녹아 시냇물처럼 흘러내려 가고 있었다. 예전 같으면 능선에 쌓여 있어야 할 눈이 녹아내린 것이다. 아직 봄이 찾아오지 않았기에 다소 이른

감이 있었다.

사실 크게 놀라운 광경은 아니다. 인간에 의한 기후변화는 지구의 겨울 기온을 끌어올리고 있으며, 강원도의 산골짜기도 예외는 아니기 때문이다. 과학자의 본능으로 데이터를 살펴보니 스키장이 있는 평창의 겨울철 낮 기온은 연간 약 0.1도, 즉 10년에 약 1도 이상 증가하고 있었다.

눈이 사라지면 벌어지는 일들

한국에서는 아직 크게 이슈가 되지 않았지만 유럽과 북미 지역에서는 스노팩*snowpack* 감소를 심각한 사회·환경·경제·정치 문제로 인식하고 있다. 스노팩이란 하늘에서 눈이 내려 땅에 쌓여 있는 것을 말하는데, 날이 추우면 녹지 않고 매번 새로운 눈이 내릴 때마다 켜켜이 쌓여 더 두꺼워진다. 하지만 기후변화로 눈이 내리지 않거나 날이 따뜻해서 눈이 금방 녹으면 스노팩의 두께가 얇아진다.

그렇다면 유럽과 북미에서는 스노팩의 두께가 줄어드는 것을 왜 심각한 문제로 여기는 것일까? 사람들이 스키를 못 타게 될까 걱정돼서 그럴까? 물론 그것도 매우 중요한 사실이지만,

스노팩이 스키라는 인간의 레저를 넘어 지구 시스템에서 매우 중요한 역할을 하기 때문이다. 기후변화로 인해 사라진 눈이 또 다른 기후변화를 야기할 수 있을 정도로 말이다.

흔히 스키장이 있는 지역은 전 세계 어느 곳이나 기온이 낮다. 알베도*albedo*, 즉 지면 반사 효과 때문이다. 눈처럼 표면이 하얀 물질은 보통 반사율이 높다. 태양에서 오는 빛을 많이 반사하기 때문에 지표면으로 들어오는 에너지 자체가 적다. 그래서 눈으로 덮여 있는 북반구 고위도 지역이나 고도가 높은 산은 태양에너지를 적게 흡수한다. 눈이 없는 지역에 비해 지표면을 따뜻하게 데워줄 수 있는 에너지가 적어 기온이 낮은 것이다. 결과적으로 추운 곳에 스키장을 만들면 슬로프의 하얀 눈이 태양빛을 반사해서 주위를 더 춥게 만들어준다.

그렇다면 반대로 눈이 줄어들면 어떻게 될까? 기온이 올라가 눈이 녹기 시작하면 눈이 많이 덮여 있을 때보다 지표면이 태양빛을 더 많이 흡수할 수 있기 때문에 주위가 따뜻해진다. 온난화 때문에 눈이 녹는 것으로 끝나지 않고, 녹은 눈이 다시 온난화로 이어지는 양의 피드백(되먹임)이 걸리면 그 지역이 더 따뜻해지는 것이다.

스노팩이 감소하면서 발생할 수 있는 또 하나의 문제는 생물다양성 위협이다. 눈이 사라지는 것과 생물다양성은 다소 동떨어진 문제처럼 보이지만 분명한 연관이 있다.

눈은 추운 겨울 땅이 식지 않게 도와주는 담요 역할을 한다. 그래서 눈이 두껍게 덮여 있는 지역에서는 오히려 눈 위 공기보다 땅속 기온이 높은 경향이 있다. 혹한의 바람이 매섭게 불어도 땅속은 따뜻한 온실 같다. 이렇게 눈 아래 땅속이 따뜻하면 매서운 칼바람이 불어 나무를 공격하더라도 뿌리는 안전하게 보호되어 나무가 죽지 않고 버틸 수 있다. 이뿐만 아니라 눈에 적응해서 살아가는 포유류 같은 경우 눈은 천적으로부터 자신을 보호해줄 수 있는 중요한 역할을 한다.

한편 스노팩이 줄어드는 지역은 산불이 빈번하게 발생하여 생태계 전체의 구조를 흔들어놓을 수 있다. 지금까지 열거한 사실만으로도 줄어드는 스노팩이 생물다양성에 충분히 위협적이라는 것을 부정할 수 없다.

눈은 의외로 중요한 역할을 한다

생태계 서비스 관점에서 인간에게 스노팩이 중요한 이유 중 하나는 수자원 확보 때문이다. 언젠가 한 TV 방송 프로그램에서 주인공이 눈을 모아 식수로 쓰는 장면을 봤다. 한국은 눈을 수자원으로 인식하지 않기에 이렇게 방송에서나마 흥미로운 장면으로 보게 되지만 유럽과 북미 지역에서 스노팩은 수자원으로 매우 중요하다. 당장 내년에 필요한 식수, 산업에 제공할 산업 용수, 농사에 이용할 농업 용수를 확보하기 위해서는 올해 겨울에 얼마나 많은 눈이 내리고 쌓이는가가 중요하기 때문이다.

스노팩을 통한 수자원 확보가 원활하지 않으면 심각한 문제가 발생하기도 한다. 미국에서 경제 규모가 가장 큰 캘리포니아주는 현재 심각한 기후변화를 경험하고 있으며, 특히 수자원의 주요 공급원인 스노팩의 감소가 큰 문제를 야기하고 있다. 그중 한 예가 산불이다. 도시 하나를 집어삼킨 산불이 발생했지만 스노팩 감소로 인해 하천, 호수, 지하수의 양이 줄면서 불을 끌 수 있는 물이 없었기 때문이다.

1960년대 후반부터 지구에 내리는 눈을 모니터링한 인공위성 자료를 보면 북반구 지역 눈의 양은 감소하고 있다. 만년설 지역이 사라질 뿐 아니라 현재 지구 면적 4분의 1을 차지하고 있는 계절성 눈 지역(한국과 같이 겨울에 눈이 내리는 지역)의 적설량 또한 줄고 있다.

지금 경험하고 있는 스노팩의 감소도 충분히 심각하지만 앞으로 다가올 미래 전망을 보면 더 암울하다. 아주 일부 추워지는 지역이 있지만 전반적으로 지구는 따뜻해지고 있다. 특히 겨울은 더욱 그렇다. 공기가 따뜻해지고 있기 때문에 하늘에서 내리는 눈이 젖은 눈이나 비 형태로 바뀔 가능성이 크다. 유럽의 연구에 따르면 2100년까지 알프스의 눈 중 70%가 사라질 수 있다. 여기서 일부 사람들은 알프스의 눈이 녹아서 나무가 더 잘 자라고 식생 면적이 늘어나면 탄소를 더 많이 흡수하기 때문에 좋은 일 아니냐고 묻기도 한다. 하지만 분명히 잘못된 얘기다.

알프스처럼 대부분 만년설로 덮여 있는 지역은 땅도 거의 얼어 있다. 이 땅이 바로 동토층이다. 북반구 고위도에만 동토층이 있는 것이 아니라 티베트나 알프스처럼 고도가 높은 지역은 땅이 얼어 동토층을 형성한다.

눈이 녹는 지역에서 나무와 풀 같은 식생 활동만 활발해지면 좋겠지만, 동토가 녹으면 그동안 갇혀 있던 온실가스들이 공기 중으로 빠져나와 대기 중 이산화탄소, 메테인의 농도를 높일 수 있다. 이것은 화석연료를 태워서 나오는 온실가스와 달라서 인간이 통제할 수 없기에 더 큰 문제를 만들 가능성이 높다. 기후변화를 가속화시키는 촉진제 역할을 할 것이다. 앞서 언급했던 눈의 중요성을 살펴볼 때 알프스의 눈 70%가 사라진다면 분명 심각한 상황이 벌어질 것이다. 알프스의 스노팩에 의존해서 살아가는 사람들의 식수, 아름다운 알프스의 나무, 동물 등의 많은 것에 돌이킬 수 없는 영향을 끼칠 것이다.

유럽과 북미처럼 심각한 상황은 아니지만 기후변화가 지금처럼 진행된다면 한국 또한 쌓여 있는 눈을 보기 쉽지 않을 것이다. 뜨거워진 겨울은 다시 차가워지지 않기에 한국의 아름다운 설원을 다시 못 볼 것이 자명하다. 어쩌면 내가 목격한 깊은 계곡의 시내는 차가운 겨울이 그리운 설원의 눈물일시 모르겠디. 이 눈물은 기후변화를 막아달라고 설원이 보내는 구조신호일 수 있다. 지금 우리가 온실가스를 줄이지 않으면 설원의 눈물은 멈추지 않을 것이다.

폭설, 뜨거워진 지구의 역습

기후변화로 눈이 내리는 날이 적어지고, 쌓인 눈도 빨리 녹아서 점점 적설량이 줄어들고 있다. 지난 30년간의 기록을 살펴보면 한국도 눈이 내리는 날이 줄고 있다. 사라지는 눈은 분명한 기후변화의 시그널이다. 그런데 2024년 겨울 우리는 기후변화의 또 다른 증거인 폭설을 경험했다. 바로 앞서 눈이 점점 줄어든다고 얘기하고 폭설을 얘기하니 '지금 이 상황이 뭐지?' 당황하는 분도 있을 것이다. 하지만 이것이 기후변화의 실체다. 지속적으로 얘기하지만 평균과 변동성의 변화 때문이다. 눈이 내리는 일수는 계속 줄고 있지만, 한번에 이례적으로 많이 쏟아지는 강력한 폭설이 발생할 수 있다.

사라지는 눈의 마지막 SOS

2024년에서 2025년으로 넘어가는 겨울 서울대학교 학생과 연구원들이 강원도 평창에서 1년을 준비한 기후위기 캠페인을 진행했다. 이름은 'Save Our Snow(SOS)'. 눈을 구하자는 뜻도 있지만 지구가 우리에게 보내는 SOS라는 의미도 있다.

우리가 눈을 주목한 데는 중요한 이유가 있다. 우리의 자연자원 중 기후변화로 가장 빨리 사라질 것이라 예상되기 때문이다. 눈은 그 자체로 온대기후 지역의 겨울을 상징하는 자원이기도 하지만, 햇빛을 반사해서 온난화를 저감하고, 봄이면 녹아서 인간과 동물에게 수자원을 제공한다. 이뿐만 아니라 추운 겨울 땅을 덮어 동물들이 땅속에서 따뜻하게 겨울잠을 잘 수 있게 도와주기도 한다. 그래서 한국에서 눈이 사라진다면 눈사람을 못 만드는 걸로 끝나는 것이 아니다. 한반도의 기온, 수자원 그리고 생물다양성까지 인간의 생존과 직결된 많은 부분에 문제가 발생할 수 있다.

2024년 11월 아직 본격적인 겨울이 오기도 전에 하늘에서 구멍이라도 난 듯 눈이 내렸다. 아니, 퍼부었다고 표현하는 것이 맞을 것이다. 서울은 기상관측을 시작한 1907년 이후 117년 만에 가장 많은 적설량을 기록했다. 서울을 둘러싼 수도권 또한 많은 적설량을 기록하며 수백억 원의 자산 손실이 발생했다.

그리고 한 달이 채 지나지 않은 12월 21일에 또 많은 눈이 내렸다. 흔히들 기후변화로 눈이 사라질 것이라 열심히 얘기하는 중인데, 당황스럽게도 너무 많은 눈이 내린 것이다. 아니나 다를까 'Save Our Snow' 캠페인을 벌이던 평창에 찾아온 시민들이 질문을 했다. 당시 그곳에는 앞이 안 보일 정도의 눈이 내리고 있었다. "이렇게 눈이 많이 내리는데 왜 눈을 구해야 하나요?" "기후변화로 눈이 사라진다는데 왜 이렇게 눈이 많이 오는 건가요?" "이제 기후변화 문제가 해결된 것인가요?" "내년에도 이렇게 많은 눈이 오나요?"

처음에는 조금 당황했지만 오히려 그 폭설이 기후변화를 설명하기에 좋은 소재가 되어주었다. 11월과 12월의 폭설은 정확히 기후변화의 결과이자 지구온난화의 증거이기 때문이다.

두 폭설은 발생 원인에 공통적 특징이 있었다. 바로 한반도 주변의 해수면 온도가 높아졌다는 점이다. 한반도 주변 바다가 목욕탕의 온탕처럼 따뜻해서 막대한 양의 수증기를 대기로 공급하고 있었다.

또 하나의 중요한 요인은 한반도 북쪽에서 내려오는 강력한 한기, 즉 찬바람의 영향이다. 현재 북극 지역 또한 온난화 때문에 해빙이 많이 녹아 찬 공기를 가두는 대기의 막이 약해진 상태여서 극 지역의 한기가 언제든 한반도로 쏟아져 내려올 수 있다. 그래서 북쪽에서 내려오는 차가운 공기가 따뜻한 바다를 만나 비와 눈을 뿌릴 수 있는 구름이 만들어지고, 그 구름이 내륙으로 들어오면서 막대한 눈을 뿌렸다.

폭설의 가장 중요한 요인은 지구온난화, 즉 지구의 많은 지역이 뜨거워졌다는 점이다. 뜨거워져서 녹는 것이 아니라 뜨거워져서 차가워진 것이다. 모순처럼 보이지만 사실이다.

그러면 온난화가 계속 진행된다면 눈이 안 오는 것이 아니라 또 폭설이 내릴까? 그렇지는 않다. 앞으로 몇 년은 그럴지도 모르지만 지금의 기후변화 양상이 유지된다면 눈은 내리지 않고 비만 내리는 겨울로 한반도 기후가 바뀔 것이기 때문이다.

기후변화 연구자들이 예측한 미래 기후변화 시뮬레이션을 통해 한국의 눈이 어떻게 바뀌어갈지를 간단히 살펴보았다. 좀 멀리 떨어진 시기이지만 2090~2100년을 예측한 결과를 보면 참담하다. 강원도 설악산 같은 고산지대 일부를 제외하면 연중 눈이 내리는 날이 0일로 예측되었다. 야외에서 진행하는 동계 스포츠인 스키, 스노보드 등은 불가능해질지 모른다. 혹자는 "인공눈을 만들면 되지 않아요?"라고 묻기도 한다. 그런데 인공눈 또한 저온과 일정량의 습도가 유지되어야 뿌릴 수 있기 때문에 사실상 만들 수 없다고 봐도 좋다. 현재 동남아 국가 시민들이 눈을 보고 스키를 타기 위해 한국 평창으로 찾아오는 것처럼 우리도 중국이나 러시아, 아니면 멀리 유럽이나 캐나다에 가야 할지도 모른다. 최근 중국이 정부 차원에서 동계 스포츠를 강하게 육성하고 많은 스키장을 건설하는 것이 어쩌면 미래에 대한 대비일지도 모르겠다.

평창 캠페인 장소를 방문한 분들에게 기후변화, 온난화, 그리고 사라진 눈 등의 이야기를 해드렸는데, 의외로 처음 듣는다고 하는 분이 많았다. 기후위기에 대한 인식이 아직도 크게 확산하지 않은 듯했다. 그래도 평창에 눈을 보러 오거나 겨울 스포츠를 즐기기 위해 방문한 이들은 대부분 기후위기로 사라지는 눈에 대해 심각하게 공감했다. 공감하는 분들은 꼭 질문을 한다. "그래서 우리는 무엇을 해야 하나요?" "앞으로 눈이 사라지지 않게 하려면 우리는 무엇을 해야 하나요?" 아이와 함께 온 부모님, 친구들과 함께 온 학생, 연인들, 눈과 함께하는 순간이 행복한 사람들에게는 매우 중요한 문제일 수 있기 때문이다.

현명한 소비가 중요한 이유

눈이 아니더라도, 기후위기에 대한 강연을 하면 많은 분이 같은 질문을 한다. 이런 질문을 하는 분이 늘고 있다는 것 자체가 고무적이다. 질문에 대한 내 대답은 늘 같다. 현명한 소비자가 되어달라는 것이다.

기후변화가 위기를 유발하는 수준에 도달한 이유는 막대한 양의 온실가스, 즉 탄소 배출 때문이다. 그러므로 기후변화를 해결하기 위해서는 탄소 배출을 줄여야 한다.

그렇다면 사람들이 왜, 어디서 탄소를 많이 배출하는지 살펴보면 어떻게 줄일 수 있을지 답을 찾을 수 있다. 전 지구적으로 보면 인류가 배출한 탄소는 대부분 에너지 생산 및 사용과 밀접하다. 에너지를 많이 사용하기 때문에 이러한 수요를 충당하기 위해 값싼 에너지원인 석유, 석탄을 마구 쓰고 있는 것이다. 여기서 누가 에너지를 많이 쓰는지 살펴볼 필요가 있다. 바로 산업, 우리의 경제활동 때문이다. 사람들이 필요한 다양한 물건을 만들고, 소비하고, 폐기하거나 시설을 짓는 과정에서 막대한 에너지를 쓰고 있다.

그럼 이제 답은 나왔다. 산업에서 사용하는 막대한 에너지 수요를 줄이면, 탄소 배출을 줄이면 기후변화를 완화할 수 있다는 간단한 결론에 도달한다. 그런데 이것이 말처럼 쉽지가 않다. 산업은 우리의 경제활동과 밀접하기 때문이다. 기업은 이윤이 나지 않은 상황에서 더 많은 비용을 들여 탄소를 감축하도록 공정을 개선하거나 원료를 바꾸지는 않을 것이다. 아니면 탄소 감축을 위한 변화 때문에 물건 가격을 올릴 수밖에 없을 것이다. 이윤을 추구하는 기업 입장에서 자발적으로 변화하는 것은 쉬운 일이 아니다.

따라서 소비자의 역할이 중요하다. 이제는 비용을 조금 더 지불하더라도 탄소 배출이 적은 물건을 사는 가치소비를 해야 한다. 더 많은 사람이 가치소비를 하면 규모의 경제가 이루어져 결국 물건값이 떨어질 수도 있다. 일정 수준의 규모가 될 때까지 정부가 보조금을 주는 것도 좋은 방법이다. 소비자의 생각이 바뀌면 경제도 바뀌고, 기업들 역시 시장의 흐름을 읽고 탄소 배출이 적은 상품을 더 다양한 영역에서 내놓아 기후변화 문제를 풀어나가는 데 도움이 될 수밖에 없다. 물론 소비자의 변화가 제일 중요하다고 할 수는 없지만 그래도 우리가 할 수 있는 일인 것은 분명하다.

캠페인 장소에는 3m가 넘는 큰 크리스마스트리가 있다. 캠페인에서 교육을 받은 아이들은 그곳에 지구를 위한 편지를 쓰고 나무에 달아두고 갔다. 매일 그 편지를 수거해보면 놀랍게도 비슷한 이야기를 많이 써두었다. "지구가 아파요, 우리가 도와줘야 해요." 지금 아이들 눈에 비친 세상은 이렇다. 이 아이들의 말처럼 우리가 함께 도와준다면 지구의 미래를 바꿀 수 있다. 기후의 속삭임에 귀 기울이는 아이들의 기후감수성이 내일의 지구를 지켜낼 것이다.

기후변화는 세계를 어떻게 바꾸는가

국가와 가정의 경제를 위협하는 기후플레이션

기후변화는 단순히 온도가 높아져 폭염이 발생하고, 비가 내려 홍수가 발생하고, 가뭄이 극심해져 산불이 강해지는 것으로 끝나지 않는다. 온도, 강수, 바람 등과 같은 기상 요인의 변화는 궁극적으로 사회, 경제, 문화, 안보 등 우리 삶과 직결된 다양한 분야에 막대한 영향력을 행사한다. 다만 그 영향이 언제 어디서 어떻게 발생하고 있는지 우리가 판단하지 못할 뿐이다. 강력해진 폭염 때문에 전 지구적으로 곡물 가격을 높이고 식량 안보 문제까지 겪은 인도 사례처럼 기후변화는 삶의 여러 영역에서 예상치 못한 문제를 발생시킨다.

사과 한 개에 2만 원?

한국에도 유사한 사례가 있다. 2024년 봄 사괏값이 급등해서 나타난 인플레라는 의미의 '애플레이션'이라는 용어가 미디어를 도배했다.

애플레이션은 사과를 지칭하는 애플과 인플레이션을 합한 신조어다. 물론 사재기 같은 과일 공급망의 구조적 문제도 있긴 하지만, 사과 수확기의 이례적인 집중호우와 기후변화로 인한 탄저병 피해로 사과 공급량에 문제가 생기면서 가격이 오른 결과였다. 사과 한 개의 가격이 최대 2만 원까지 오르면서, 사과를 먹을 수 있는 사람이 진짜 부자라는 우스갯소리가 나올 정도였다. 어린 시절 기억을 더듬어보면 어떻게 사과 한 개가 2만 원까지 오를 수 있는지 이해가 되지 않는다. 아마 나보다 나이가 많은 분들은 더 당황했을 것이다. 한 박스 가격으로 한 개의 사과밖에 살 수 없는 현실을 쉽게 받아들이지 못할 것이다. 그래서인지 애플레이션 사건은 기후변화의 위력을 대중에게 한 번 더 각인시킨 계기가 되었다.

기후변화 피해는 밀, 사과 같은 식량뿐만 아니라 일상생활과 직결된 여러 경제활동에 광범위하게 영향을 끼치고 있다. 단순히 사과 가격만 올리는 것이 아니라 경제 전반에 영향을 끼치기 때문에 기후변화와 인플레이션을 합한 '기후플레이션'이 주목받기 시작했다.

기후플레이션은 온실가스가 증가하여 발생한 기후변화로 인한 이상기후, 생태 환경 변화, 자연재해 등 때문에 원자재, 공급망, 수송, 인프라 등의 다양한 분야가 피해를 입어 물가가 상승하는 현상이다. 기후변화로 인해 우리가 지불해야 할 직간접적 경제 비용이 증가했다는 의미다.

최근 나타나는 기후플레이션의 특징은 한국에서 경험하는 기후변화뿐만 아니라 지구상 다른 지역에서 발생한 기후변화 피해의 영향도 크게 받는다는 점이다. 우리나라는 식량자급률이 절대적으로 낮기에 어쩌면 당연한 결과일 수 있다.

흔들리는 커피 가격

2024년 봄, 동남아시아 베트남에 심각한 가뭄이 들었다. 강이 마르고 바닥이 드러날 정도로 물이 적어져 물고기가 떼죽음을 당했다. 썩은 물고기는 악취를 유발하고 토양을 오염시키며 추가로 수질을 악화시켜 질병을 야기할 수 있다. 베트남 정부는 시민의 생명과 건강, 주거 안전을 위해 자연재해 비상사태를 선포

했다. 그런데 문제는 여기서 끝나지 않았다. 베트남의 기후변화 피해가 베트남만의 국지적 이슈에 그치지 않았다.

베트남은 브라질 다음으로 전 세계에서 두 번째로 많은 커피를 생산하는 나라다. 주로 로부스타 원두를 대량생산한다고 알려져 있다. 로부스타 원두는 아라비카 원두와 함께 세계 커피 시장의 양대 산맥으로 자리잡고 있다. 일반적으로 카페인 함량이 높고, 맛과 향이 좀 더 강렬하고 쓴맛이 있어 에스프레소 블렌드나 인스턴트 커피의 주재료로 쓰인다. 병해충에 강하고 재배하기도 쉬워 열대 및 아열대 지역에서 많이 재배한다고 알려져 있다. 재배가 쉽다지만, 베트남의 가뭄은 원두 작황에도 영향을 끼치지 않을 수 없었다.

가뭄이 생기자 2024년 6월 기준 로부스타 원두 가격이 1톤당 4,141달러 60센트로 전해의 같은 기간에 비해 50.9% 상승했고, 대부분의 전문가들은 가격 상승이 계속 이어질 것이라고 염려하기 시작했다. 세계적 커피 브랜드인 이탈리아의 라바짜도 베트남을 포함한 많은 커피 생산 지역의 이상기후로 인한 공급 문제를 우려하면서, 원두 품질이 낮아져 가격 상승이 당분간 지속될 것이라 경고했다. 예상대로 베트남을 포함한 많은 지역의 기후변화 피해 및 공급망 문제 때문에 원두 가격이 지속적으로 상승했다. 이렇게 원두 가격이 계속 오른다면 요즘 거리에 흔히 보이는 저가 커피 전문점들은 원가 부담을 감당하기 힘들어 사라질 수도 있을 것이다.

초콜릿은 사치품이 될까

2025년 유난히 더웠던 여름, 더위로부터 늘 우리를 구해주는 아이스크림에도 문제가 발생했다. 그 많던 초콜릿아이스크림이 냉장고에서 사라진 것이다. 2023년부터 최근까지 카카오 작황이 줄어드는 문제가 발생해서 원자재 가격이 상승했기 때문이다. 특히 전 세계 카카오 생산량의 60~70%를 차지하는 아프리카 코트디부아르와 가나의 작황이 줄었다. 카카오 공급망에 문제가 생기고 가격이 상승하자 아이스크림 업체들이 수지타산이 맞지 않아 생산을 멈췄다. 일부 생산을 하더라도 가격을 올릴 수밖에 없는 상황이 되었다.

이러한 문제의 이면에는 기후변화가 있다. 초콜릿의 원재료인 카카오는 기후변화에 민감하다. 아프리카 같은 열대 지역은 카카오 재배에 적합하긴 하지만 기후변화의 취약성이 매우 높은 편이다. 2023년 이후 아프리카 카카오 재배 지역에 극단적인 강수와 가뭄이 번갈아 나타나며 카카오나무가 병에 걸리거나 생육이 정상적으로 이루어지지 않고 있다. 이뿐 아니라 극단적인 날씨 변동은 카카오나무의 질병을 확산한다.

한국처럼 카카오를 수입에 의존하는 국가의 기업들 중 일부는 초콜릿이 포함된 제품의 가격을 인상하거나, 가격을 올리는 대신 용량을 줄이는 '슈링크플레이션'을 적용했다. 그래서 정말 기후변화가 심해져 원산지의 피해가 커진다면 앞으로 초콜릿이 사치품이 될 거라는 자조 섞인 농담이 오가기도 했다.

친환경 정책의 역설?

주목해야 할 점은 이런 현실이 커피나 초콜릿만의 문제가 아니라 식량을 포함한 모든 원자재에 해당한다는 점이다. 기후변화는 해당 국가들만의 피해로 끝나는 것이 아니라 멀리 떨어진 국가의 경제적 피해로 번질 수 있다. 한 국가에서 발생한 기후변화 피해에 관한 물가 대책을 마련하는 것도 어려운데 이제는 머나먼 나라의 기후변화 피해도 주목해야 하는 상황이 되었다는 것을 인식해야 한다.

기후플레이션과 함께 추가로 알면 좋을 용어가 두 개 있다. 그린과 인플레이션의 합성어인 '그린플레이션', 그리고 에너지 *energy*와 인플레이션의 합성어인 'E플레이션'이다. 가끔 세 가지 용어가 혼용되므로 간단히 이해하고 넘어가면 좋겠다.

기후플레이션이 이상기후 같은 극단적 날씨 변화로 발생한 온도, 강수, 습도, 바람 등에 의한 직접적이고 물리적인 피해에서 비롯된다면, 그린플레이션은 직접적 피해보다는 제도를 통한 간접적 영향에서 비롯된다. 즉, 그린플레이션은 탄소중립이나 기후위기 대응과 같은 친환경 정책 때문에 원자재 가격이 급등하면서 물가가 상승하는 현상이다.

그린플레이션으로 인한 물가 상승을 일부에서는 '친환경 정책의 역설'이라고 표현한다. 예를 들어 전 세계적인 친환경 정책 추진 과정에서 전기차, 태양광 등의 산업이 확대되면서 전기차 배터리, 풍력 터빈, 태양광 패널, 송전망 확충 등에 필요한 리튬, 구리, 니켈, 코발트 등의 광물자원 가격이 급등하기 시작했다. 니켈 등은 러시아-우크라이나 전쟁까지 겹치면서 2022년 한때 거래 중지 수준까지 가격이 상승했다. 특히 한국은 이러한 광물의 해외 의존도가 높기 때문에 가격이 상승하면 국내 제조원가가 상승할 수밖에 없다.

뿐만 아니라 많은 국가가 탄소중립이라는 거대한 목표를 설정하고 탄소 배출을 줄이는 과정에서 많은 기업이 탄소 저감을 위한 공정 전환, 친환경 원자재, 폐기물 관리 등 다양한 분야의 변화를 시도하고 있기 때문에 궁극적으로 물건 가격이 상승할 수밖에 없는 상황이다. 유럽연합이 탄소세와 배출권거래제ETS, Emission Trading System를 도입함에 따라 화석연료 가격이 상승하면서 전기, 난방, 운송 등 에너지 비용이 높아지고 결국 소비재 가격 상승에 영향을 미쳤다. 유럽중앙은행 보고에 따르면 배출권거래제는 유로존 인플레이션의 약 0.2~0.3%에 직접적으로 기여했다.

또한 친환경 에너지로 전환하기 위해 기존 화석연료 기반 발전소를 단계적으로 폐지하거나 재생에너지 투자 비용을 전가하면 초기 투자비와 운영비가 높아져 전력 및 난방 비용 상승으로 이어지기도 한다. 이러한 비용 상승은 가계와 기업의 전반적인 생산비용 증가로 연결되어 물가 전반에 영향을 줄 수밖에 없다.

E플레이션은 에너지 수급 문제로 발생하는 물가 상승을 의미한다. 코로나19 팬데믹이 종료된 후 전 세계 경제활동이 빠르게 재개되면서 에너지 수요가 늘어났지만, 팬데믹 기간 동안 축적된 공급망 병목과 물류 혼란, 그리고 항만의 과밀 상태 등으로 인해 에너지 원료가 제때 공급되지 못했다. 예를 들어 2021년 말부터 2022년 초에 걸쳐 전 세계 원유 수요가 급증했지만 공급망 제약과 함께 2022년 2월 러시아-우크라이나 전쟁이 발발하면서 지정학적 긴장이 더해져 원유 가격이 배럴당 60달러에서

100달러 이상으로 급등하기도 했다.

뿐만 아니라 미국을 비롯한 여러 국가에서 천연가스 수요가 늘고 공급이 불안정해지면서 천연가스 가격이 MMBtu당 3달러에서 10달러 이상으로 치솟기도 했다.

에너지 가격 상승은 산업뿐 아니라 가정용 전기 및 난방 비용에도 직접적인 영향을 미쳤고, 특히 유럽과 아시아 일부 국가에서는 전력 요금이 크게 올라 소비자물가 상승으로 이어졌다. 에너지 관련 비용 상승은 전반적인 인플레이션 압력을 높이는 데 기여했고, 경제 회복 과정에서 기업과 가계 모두에 큰 부담이 되었다.

기후변화로 인한 직접적·물리적 피해 또는 기후변화를 막기 위한 대책을 세우는 과정 모두 물가 상승을 유발할 수 있으며, 우리에게 경제적 부담이 될 수 있다.

기후변화와 관련한 인플레이션은 우리가 실효성 있게 피해를 줄일 때까지 나타날 수밖에 없다. 따라서 정말 실효성 있는 피해 저감을 위한 노력에 지금이라도 박차를 가해야 한다. 그렇게 조금씩 부담을 줄이기 위해 노력하지 않으면 언젠가는 돈으로 막을 수 없는 더 큰 피해가 발생할 것이다.

도시가 일으킨 기후변화는
어떻게 도시의 발등을 찍는가

 2022년 8월, 큰비로 강남이 침수 된 사건은 많은 사람에게 강렬한 인상을 남겼다. 아무래도 수많은 인구가 거주하는 도심 한복판에서 일어난 일이니 충격이 클 수밖에 없을 것이다. 많은 사람이 아침저녁으로 다니던 도로가 한강처럼 변해버렸으니 말이다. 아니나 다를까 많은 분이 내게 질문을 해왔다. "이것도 기후변화와 관련 있나요?"

 정답은 기후변화와 도시화가 만들어낸 합작품이라는 것이다. 그래서 인간의 정주 공간인 도시가 기후변화와 어떤 관련이 있는지 이해할 필요가 있다.

도시, 기후위기의 주범이자 피해자

도시라는 단어는 우리가 살면서 가장 많이 듣는 말 중 하나일 것이다. 매일 아침부터 저녁까지 각종 미디어에서 다양한 도시 얘기가 흘러나온다. 도시의 아파트 가격, 부동산 정책, 신도시 개발계획, 교통 체증 등과 같은 사회·경제적 이슈부터 미세먼지, 온실가스, 하천 오염, 생태계 파괴 등의 환경문제까지 수많은 이야기가 있다.

많은 사람이 함께 살아가기에 다양하고 복잡한 문제가 발생할 수 있지만, 이 문제를 해결하면서 우리는 더 발전한다. 때로는 한 도시의 문제를 해결하는 과정에서 다른 도시나 국가 전체의 문제를 해결할 실마리를 찾곤 한다. 그래서 더욱 도시에 주목해야 한다. 도시가 다양한 인간 활동을 통해 기후위기를 초래한 확실한 주범일 뿐만 아니라 기후위기로 가장 큰 피해를 입는 지역이기 때문이다. 이것이 전 지구적 기후위기에 대응하기 위해 내가 사는 도시를 자세히 들여다봐야 하는 이유다.

모두가 알다시피 기후위기의 다양한 원인 중 가장 중요한 것은 대기 중 온실가스 농도 증가다. 다양한 온실가스 중에서도 가장 중요한 것은 가장 많은 양을 차지하는 이산화탄소다.

그렇다면 이산화탄소는 과연 어디에서 많이 배출될까? 많은 사람이 바로 발전소를 떠올릴 것이다. 맞다. 그러나 왜 발전소에서 이렇게 많은 배출이 일어날까를 좀 더 고민해본다면 그 답은 달라질 수도 있다.

사실 전 세계 화석연료 기반 이산화탄소 FFCO2, *fossil fuel CO2* 배출의 70% 이상은 도시에서, 그리고 도시 때문에 발생한다. 전 세계 인구의 약 4분의 3이 살고 있는 도시는 건물 냉난방 및 교통 등을 통해 이산화탄소를 직접 공기 중으로 뿜어낸다. 도시에 있는 건물 굴뚝에서 나오는 연기나 자동차 머플러에서 나오는 연기 등이다. 이것을 탄소의 '직접배출(Scope 1)'이라고 한다.

그리고 도시가 직접 배출하지는 않지만 전기를 사용함으로써, 발전소가 있는 다른 지역의 굴뚝에서 연기를 내뿜는 것을 '간접배출(Scope 2)'이라 한다.

여행이나 출장에서 저녁 비행기를 타고 돌아오다 보면 창밖을 보고 한순간에 서울에 도착했음을 인지할 수 있다. 바로 엄청난 불빛 때문이다. 비행기보다 더 상층에 있는 인공위성에서도 보일 정도로 밝다. 이렇게 도시의 밤을 대낮처럼 밝혀주는 에너지가 간접배출이다. 도시 인구가 많고 경제 규모가 커질수록 불빛은 밝아지고 더 많은 간접배출을 유도한다. 그렇다면 우리가 살고 있는 서울은 어떨까? 서울은 현재 전 세계 수백 개 대도시 중 10위권 내로 많은 이산화탄소를 직간접적으로 배출하는 대형 배출원이다.

공기를 뜨겁게 만드는 도시

전 지구적으로 이산화탄소 농도가 증가하면서 지구 평균온도가 올라가지만 각 지역들을 자세히 들여다보면 온도 증가량이 다르다. 특히 도시는 주변 시골이나 산림 지역보다 온도의 증가 폭이 더 크다. 전 세계 419개 도시를 조사한 해외 과학자들은 도시가 주변 지역보다 평균적으로 약 1.5도 높다는 것을 밝혀냈다.

도시의 온도가 주변 지역보다 높은 이유는 바로 도시열섬 urban heat island 때문이다. 도시는 태양에서 오는 에너지 대부분을 도시 공기를 데우는 데 쓰기 때문에 온도가 높다.

반면 식물이 많은 주변 지역은 태양에서 오는 에너지를 지면의 식물들이 증산작용을 통한 증발로 소진하기 때문에 도시보다는 기온이 낮아진다. 한여름에 뜨거운 아스팔트에 물을 뿌리면 시원해지는 것처럼, 식물들이 증발을 통해 지면의 기온을 낮추는 것이다.

이뿐만 아니라 도시는 건물 열, 에어컨 실외기, 자동차 등의 다양한 인공열이 있기 때문에 온도가 주변 지역보다 높을 수밖에 없다.

도시화라고 불리는 사회·경제적 발전은 도시 기온을 높이는 데 일조했고, 도시는 전 지구적인 기후변화 영향에 더해 도시열섬으로 인해 주변 지역보다 온도가 더 높아진다.

수학적으로 '도시 온난화는=전 지구 온난화 영향+도시열섬 효과'로 간단히 표현된다. 서울의 경우 1950년대 후반부터 지금까지의 연평균기온은 10년당 0.30도 정도 증가했지만 도시화가 전혀 진행되지 않은 추풍령은 10년당 0.08도 정도만 올랐다. 서울은 도시화로 인해 추풍령보다 4배 가까운 온난화가 진행된 것이다. 1980년 이전에는 서울과 추풍령의 기온 차이가 거의 없을 정도로 연평균기온 분포가 유사했다. 이후 서울은 1988년 올림픽을 필두로 눈부시게 성장하면서 기온을 끌어올리기 시작했다.

이처럼 도시는 이산화탄소를 배출하여 전 지구적으로 온도를 증가시키고, 도시열섬 효과 등을 통해 직접적으로 그곳 공기를 추가로 데운다.

여기서 주목할 점은 도시의 공기가 데워지면 단순히 그 지역의 온난화만으로 끝나는 것이 아니라는 점이다. 도시 기온이 상승한다는 것은 도시 지면의 수분 증발이 강해진다는 의미다. 따뜻해진 공기는 더욱 강력하게 지면의 수분을 대기 중으로 빨아들인다. 즉, 온난화로 인해 땅이 말라간다. 만약 비가 충분히 내리지 않는다면, 온난화로 인한 증발은 땅을 건조시켜 사막처럼 만든다. 이것이 바로 도시 사막화다. 강력한 온난화는 단순히 공기를 데우는 역할만 하는 것이 아니라 그 지역의 물순환에까지 영향을 끼쳐 도시를 사막 같은 극한 기후 지역으로 만들어버릴 수 있다.

1980년 이후 서울을 포함한 수도권의 여러 관측소에서 측정한 온도, 강우, 증발량 등 기후 요소들의 장기 변화를 여러 방면으로 살펴보면 서울도 2000년대 이후 건조화가 강하게 진행되고 있다.

1980년부터 2000년까지 증가하던 강수량은 2000년 이후 급격히 줄어들었고, 반대로 기온은 급격히 상승하면서 온난화를 통한 증발량이 늘어났다. 즉, 공기에서 땅으로 공급되는 물의 양은 줄어들고, 땅에서 공기로 빠져나가는 물의 양은 늘어났다. 따라서 지면이 건조해지는 경향이 커진다.

서울의 건조화 경향은 주변 지역과 비교해보았을 때 훨씬 더 강하다. 이러한 경향성이 앞으로도 계속 강해진다면 정말 사막처럼 변해갈지도 모른다. 사막을 머릿속에 떠올려보자. 우리가 살고 있는 도시가 사막이 된다면 이보다 더 큰 충격이 있을까?

인간 활동의 중심지인 도시는 기후위기를 초래했지만, 뜻하지 않은 급격한 온도 상승, 건조화 등으로 인해 기후위기에 대한 취약성이 커진다. 기후변화가 우리 삶의 터전인 도시로 들어왔다. 기후변화는 북극곰의 집인 북극만 위협하는 것이 아니라 우리의 집이 있는 도시도 충분히 위험에 빠트릴 수 있다.

도시 배수 기능이 중요한 이유

도시가 말라가는 것도 문제지만, 비가 많이 온다고 해서 문제가 없는 것은 아니다. 일반적으로 도시 지역은 집중호우로 인해 하천이 범람하여 홍수가 발생하거나, 하수 관망의 배수 시스템 통수 능력에 따라 침수 피해가 발생할 수 있다.

그런데 최근 도시의 침수는 하천 범람보다는 도시 내 배수 시스템의 설계 홍수량(예: 서울시 약 75mm/hr)을 초과하여 발생하고 있다. 따라서 빈번하게 발생하는 국지성 집중호우에 대응하기 위해서는 도심 배수 시스템의 설계용량을 높이거나 도시 지역에 빗물 저류시설(빗물을 담을 수 있는 거대한 물그릇이라고 생각하면 된다)을 설치할 필요가 있다.

도심 내 빗물받이는 불투수층으로 이루어진 도시의 중요한 빗물 배수 시스템 중 하나로, 빗물을 모아 배수 시스템으로 전달하는 중요한 기반 시설 요소다. 따라서 집중호우가 발생할 때 빗물받이를 통해 원활하게 배수 시스템으로 전달하기 위해서는 빗물 흐름을 방해할 수 있는 빗물받이 덮개 낙엽 및 쓰레기 등을 미리 잘 처리해야 한다. 특히 아무 생각 없이 거리에 담배꽁초를 버리는 사람들로 인해 빗물받이가 막힐 수 있으니, 함부로 쓰레기를 버리면 생각지도 못한 큰일이 생길 수 있음을 명심해야 한다.

    도시의 침수 피해는 엉뚱한 곳까지 불똥이 튈 수 있다. 집중호우 이후 도시 곳곳에 생기는 물웅덩이는 모기가 번식하기 좋은 환경이다. 모기가 쉽게 번식하여 개체가 늘어나면 질병이 확산하는 계기가 될 수도 있다.

    이뿐만 아니라 폭우로 인해 하수와 상수가 섞여 식수원이 오염되면 위생 환경이 취약해져 장티푸스나 세균성 이질 같은 수인성 감염병이 증가할 수 있으니, 상수원 오염이 의심되는 지역에서는 물을 바로 마시는 걸 피해야 한다. 물로 인한 질병 피해는 물이 많은 바다에서도 발생한다. 특히 한국인이 사랑하는 횟감인 양식 어류는 집중호우로 인한 스트레스와 저염분으로 인한 생리적 장애로 질병에 대한 저항력이 떨어질 수 있어서 기생충성 질병이나 세균성 질병이 발생하여 폐사율이 높아질 수 있다.

    결론적으로 도시는 분명히 기후위기의 가해자이자 피해자이다. 일반적인 문제들은 가해자와 피해자가 다르기 때문에 문제를 해결하기 위한 합의가 쉽지 않다. 그런 측면에서는 다행이다. 도시의 기후변화 문제는 가해자와 피해자가 동일하기 때문이다.

도시 온실가스와 열섬효과, 인공열을 낮추면 도시의 기후위기를 막아 피해를 줄일 수 있다. 이렇게 도시가 기후위기에 대응해가는 과정은 결국 한 도시를 넘어 전 지구의 기후위기를 막아줄 수 있는 희망의 불씨가 될 것이다. 이제 더 이상 뉴욕, 런던, 파리를 기다리지 말고 서울, 부산, 대구 등 한국의 도시, 우리의 도시들이 지구를 위한 희망의 불씨가 되면 좋겠다.

쉴 새 없이 몰아치는 기후 채찍질

흔히 겪는 일은 아니지만, 도로에서 자동차 사고가 나면 보통 뒷목을 잡고 내린다. 실제 경험하지 않았더라도 TV 드라마에서 한번쯤은 이런 장면을 봤을 것이다. 차가 충돌하면 운전자의 경추(목)가 손상되기 때문에 이런 장면이 연출되는데, 이것을 채찍질 증후군 *whiplash syndrome*이라고 한다.

위플래시 *whiplash*는 채찍을 휘두를 때처럼 목이 급격히 앞뒤로 흔들리는 움직임에서 유래한 용어다. 그 움직임은 궁극적으로 인체의 다른 부위에 물리적 손상 및 다양한 증상을 유발한다. 이렇게 흔히 교통사고에 쓰이던 위플래시라는 용어가 다른 곳에서 등장하기 시작했다. 바로 기후 위플래시다!

여기서 잠깐 위플래시의 정의를 생각해본다면 잘 이해될 것이다. 기후변화의 채찍질이다. 급격한 기후변화로 인해 우리는 사회, 경제, 문화, 복지, 교육 등 다양한 분야에서 지구의 호된 채찍질을 경험하고 있다. 특히 예측이 어려워 큰 피해를 유발하는 이상기후 현상이 빈번해지면서 기후 위플래시라는 용어가 자주 등장하고 있다.

채찍질당하는 미국

2025년 1월 미국 캘리포니아 LA에서 근 한 달간 대형 산불이 발생하여 세상을 놀라게 했다. 산불이 유독 커진 배경에는 전해 겨울의 극심한 폭우로 인한 녹화가 있다.

    LA가 위치한 캘리포니아는 지중해성 기후일 뿐만 아니라 최근 심각해진 지역 기후온난화 때문에 심한 가뭄이 발생하곤 한다. 매우 건조하기 때문에, 비가 조금이라도 많이 오면 잡초와 작은 관목이 무성하게 자라는 녹화가 이어진다. 그래서 지난겨울의 폭우가 잠시나마 해갈에 도움을 주었지만, 바로 봄철 가뭄이 이어지면서 오히려 마른 가지가 늘어나 불쏘시개를 늘려준 모순적 상황이 돼버렸다. 이렇게 폭우, 가뭄, 산불로 이어지는 예기치 않은 극단적 변화가 발생한 상황이 기후 위플래시다.

1월의 산불이 끝인 줄 알았는데, 트럼프 대통령이 기후변화를 너무 부정해서 그런지 미국은 연이어 극단적인 기후변화를 경험했다. 2025년 7월 전대미문의 홍수로 텍사스에서 120명 이상의 사망자와 수백 명의 실종자가 발생했다.

트럼프의 예산 삭감을 질타하며 정책 실패를 탓하는 사람도 있었지만, 근본적으로 큰 피해를 입은 배경에는 기후변화가 있다. 온난화로 텍사스 지역 기온이 계속 상승하면서 공기가 뜨거워지고, 따뜻해진 대기가 더 많은 수증기를 포함할 수 있게 되어 극단적 폭우가 내린 것이다. 많은 과학자가 이처럼 강력한 폭우는 기후변화 없이는 설명할 수 없다며 더 큰 피해가 발생할 수 있음을 경고했다. 텍사스는 온난화가 초래한 가뭄으로 식생이 부족하고 토양은 바짝 말라서 하늘에서 내린 비를 땅이 흡수하지 못했다. 지역 기후변화가 기온, 강수, 생태계의 변화로 이어지는 가혹한 채찍질에 텍사스는 너무 많은 것을 잃어버렸다.

예측 불가능한 복합재해

모든 사례를 언급할 수 없지만 유럽, 아프리카, 아시아 등 거의 모든 곳에서 비슷한 일이 발생하고 있다. 한국도 마찬가지다. 우리나라는 보통 여름에 비가 많이 온 해에는 홍수나 침수 같은 수재해 관련 이슈가 많고, 폭염이 강한 해에는 가뭄이나 열사병 같은 문제가 자주 언급되었다.

그런데 최근에는 폭우와 폭염이 연이어 등장하는 경우가 많아졌다. 예를 들어 2022년 나타난 현상들을 보면 이해할 수 있다. 물론 산불만 빼면 이런 패턴은 이후에도 매년 나타나고 있다. 2022년 봄 세상을 떠들썩하게 했던 동해안 산불을 시작으로 여름이 무르익기도 전에 폭염이 기승을 부리더니 갑자기 단숨에 300mm의 비가 퍼붓고, 또다시 기록을 갈아치우는 폭염이 지속되었다. 전형적인 기후 위플래시 패턴이다. 지금까지 언급한 기후 위플래시를 학문적·정책적 용어로 정의하면 복합재해 *compound hazard*다.

근래의 가뭄, 폭우, 폭염 등의 극한 기후 현상 *extreme climate*은 하나만 특정 시점에 나타나는 것이 아니라 여러 현상이 시간 흐름에 따라 순차적으로 나타나거나 동시에 나타나는 것이 특징이다. 그래서 이러한 연속적, 동시다발적인 극한 기후 현상으로 인한 재해를 복합재해라고 정의한다. 급격한 폭우로 일차적 피해를 입은 농작물을 폭염에 노출시켜 더 이상 생물이 아닌 무생물로 변하게 만든 힘, 그것이 복합재해이다.

복합재해는 단순히 농작물의 생태학적 피해를 넘어 농작물 공급량 부족을 초래해 시장경제에 영향을 끼치고, 내 주머니 경제까지 위협할 수 있다.

대형 산불의 피해가 아직 복구되지 않은 동해안 지역에 강한 집중호우가 닥치면 토사 유실로 인해 산사태가 발생하고 주변 민가에 산불보다 더 큰 영향을 끼칠 수도 있다. 만약 장마가 끝나고 폭염이 장기간 지속되면 물이 없는 지역의 땅은 마르기 시작할 것이다. 그리고 땅속의 물인 토양수분soil moisture이 마르기 시작하면 땅이 황폐화되는 것을 넘어 사막화가 시작될 수도 있다. 뿐만 아니라 물이 담겨 있던 저수지가 바싹 마르면 그때부터는 저수지 바닥에 있던 유기물이 썩고 탄소를 배출하는 새로운 온실가스 배출원으로 둔갑해버릴 수도 있다. 먼 나라 이야기가 아니라 한국에서 나타났던 복합재해이다.

불과 몇 년 전만 해도 폭염, 가뭄, 폭우, 한파 등 하나의 극한 기후 현상만 잘 예측하고 대응하면 되었다. 그러나 이제는 하나가 아닌 복합재해를 예측하고 대응해야 하기에 문제가 더 복잡해졌다.

극한 기후 현상은 평균이 아닌 말 그대로 극한값이기 때문에 하나의 현상도 '정확히' 예측하기가 쉽지 않다. 기후변화 과학의 다양한 분야에서 극한 기후 현상을 정확히 예측하는 것은 가장 어려운 분야 중 하나이기 때문이다. 그렇기에 극한 기후 현상이 복합적으로 일어나는 복합재해를 예측하는 것은 더욱 어려운 일이다. 극한 기후 현상의 메커니즘에는 아직 우리가 '모르는' 지구 시스템의 프로세스가 있기 때문이다. 마치 변수가 무엇인지도 모르는 방정식을 풀고 있는 상황과 같다. 그래서 아무리 좋은 컴퓨터가 있더라도, 아무리 똑똑한 과학자가 있더라도 정확하게 예측하기 어려울 수밖에 없다.

복합재해 대비가 중요한 이유

예측이 어렵다면 현재를 잘 모니터링해야 한다. 말 그대로 엎친 데 덮친 격을 만들지 않기 위해서는 적어도 덮치기 전에 막을 수 있게, 하나의 극한 기후 현상이 나타나면 연쇄적으로 발생할 수 있는 복합재해의 가능성을 빠르게 진단하고 기민하게 대처해야 할 것이다. 극한 기후 현상에 관여하는 기후 시스템(인간-대기-해양-식생-토양-하천)의 개별 요소에 대한 모니터링 및 요소 간의 상호작용에 대한 진단을 빠르게 해야 한다. 폭염이라는 기온의 극한 값(아주 높은 온도)이 발생했을 때 나타날 수 있는 인간의 반응, 바람의 반응, 생태계의 반응, 토양의 반응 등, 그리고 인간과 식생의 상호작용, 대기와 토양의 상호작용, 해양과 육상의 상호작용 등을 즉각 분석하고 대처해야 한다. 폭염이 아닌 폭우도 마찬가지다.

이제 매해 여름마다 의심할 여지 없이 폭염과 폭우가 올 것이라고 한다. 기후변화의 채찍질이 복합재해와 같은 재앙의 불씨가 될 수 있다는 뜻이다. 현실이 되지 않기를 바라지만, 그럴 가능성이 크다. 그럼 우리 모두가 예민하게 대응해야 한다.

앞에서 얘기한 것처럼 봄에 산불이 크게 발생한 지역들은 여름철 폭우를 더욱 철저히 대비해야 한다. 예를 들어 과거 200mm 정도 비가 와야 피해가 발생했다면, 지금은 100mm, 50mm만 와도 큰 피해가 발생할 수 있다. 물을 빨아들여줄 나무와 풀이 없기 때문이다. 폭염도 마찬가지다. 단순히 폭염이 지속될 때와 폭우와 폭염이 번갈아 올 때는 피해 양상이 다를 것이기 때문이다.

결국 복합재해의 피해를 줄이기 위해서는 많은 분야의 전문가가 머리를 맞대고 함께 고민해야 한다. 최근 유엔도 즉각적인 모니터링을 통한 시스템 '모두를 위한 조기경보*Early Warnings for ALL*'라는 새로운 이니셔티브를 시작했다. 심각한 이상기후 피해로 목숨을 잃는 사람이 많으므로 정확한 모니터링과 진단을 통해 조기에 경보하고 피해를 줄이자는 취지다. 기후 채찍질로 인한 과학, 기술, 방재, 금융, 정책 등의 피해를 줄일 수 있는 실질적인 방안을 마련하기 위해 모두가 손을 잡아야 한다.

전염병은 끝나지 않았다

2019년 놀라운 사건이 전 세계를 떠들썩하게 만들었다. 중국 우한에서 시작된 신종 폐렴 코로나바이러스감염증-19*COVID-19* 발병이다. 2023년 3월 기준 전 세계적으로 6억 8,000만 명이 감염되었고 그중 약 1%인 680만 명이 사망했다. 매일 저녁 뉴스에 나오는 감염자 숫자를 보며 나도 언젠가는 저 병에 걸리겠다고 두려움에 떨던 것이 기억난다.

매일 폭발적으로 늘어나는 감염자 수도 놀라웠지만, 더 놀라운 점은 감염자를 줄이기 위해 사회, 경제, 교육, 문화 등 인간 삶의 모든 질서를 바꾼 것이다. 대학에서는 비대면 온라인 수업을 하고, 기업은 재택근무를 도입하여 회식이 사라지고 혼자 배달 음식을 시켜 먹는 등 많은 사람이 상상하지 못했던 세상을 경험했다.

현재도 간혹 발병 소식이 들리는 것으로 보아 코로나19가 완벽히 종식되었다고 할 수는 없지만, 다시 찾은 이 평화가 얼마나 행복한지 모른다. 그런데 한편으로는 기후변화를 연구하는 과학자로서 지금의 평화가 또 다른 질병으로 인해 깨질지 모른다는 걱정이 드는 것도 사실이다. 그 이유를 지금부터 들려주려 한다.

사람 목숨을 가장 많이 앗아간 동물은?

많은 사람이 알겠지만 코로나19는 박쥐를 매개로 인간에게 전파된 인수공통 감염병이다. 여기서 감염병과 전염병의 차이를 이해할 필요가 있다. 감염병과 전염병을 혼용해서 사용하는 경우가 있기 때문이다.

바이러스, 기생충, 세균 등의 병원체가 몸속으로 침투해오는 것을 감염이라 하고, 병원체에 의해 병이 발생하는 것을 감염병이라 한다. 인수공통 감염병이란 사람과 동물이 모두 감염될 수 있는 감염병으로, 동물을 매개체로 전파되기 때문에 동물 매개 감염병이라고도 한다. 2002년 발생한 사스(중증급성호흡기증후군)와 2010년 메르스(중동호흡기증후군)가 대표적인 인수공통 감염병이다. 사스, 메르스, 코로나19에서 경험한 것처럼 이러한 질병은 공기나 물을 통해 다른 사람에게 옮을 수 있다. 이렇게 많은 사람에게 전염되어 집단으로 유행하는 질병을 전염병이라 한다. 그래서 꼭 모든 감염병이 전염병인 것은 아니다.

그렇다면 지금까지 인류 역사상 가장 위협적인 감염병을 일으킨 매개체는 무엇일까. 지금 이 글을 읽고 있는 여러분 옆에 있을지도 모른다. 바로 모기다. 사람의 목숨을 가장 많이 앗아간 동물은 바로 모기다.

세계보건기구WHO에 따르면 매해 모기로 인한 사망자 수는 약 70만 명으로 추산되며, 이는 사람으로 인한 사망자 수 약 45만 명보다 많다. 전쟁, 테러, 폭력 등 인간이 인간을 해치는 경우보다 더 많다. 남아프리카, 남아시아, 동남아시아 등의 저소득국가에서 사망자가 많이 발생하고 있다. 2023년 전 세계에서 모기로 인해 발생한 말라리아 사망자는 약 59만 명이며 이 중 95% 이상이 아프리카 지역에서 발생했다. 특히 안타까운 점은 전체 사망자의 약 76%가 5세 이하 어린이라는 점이다.

이뿐만이 아니다. 모기로 인한 뎅기열 사망자는 연간 4만 명 수준이다. 2025년 상반기 기준으로 이미 남아시아와 동남아시아에서 1,400명 이상의 뎅기열 사망자가 발생했다. 여름이면 밤낮 없이 우리를 찾아오는 이 작은 불청객은 인류를 위협하는 가장 무서운 존재 중 하나다.

모기가 위험한 이유

모기는 어떻게 이토록 무서운 존재가 되었을까. 사람들 대부분은 한 번 이상 모기에 물려봤겠지만, 당연히 모기에 물린다고 사망하는 것은 아니다. 약간 가려울 뿐이다. 그런데 이 모기가 병원체를 가지고 있다면 얘기가 달라진다.

모기는 대표적인 곤충 매개 감염병을 유발하는 매개체로, 말라리아, 뎅기열, 일본뇌염, 지카바이러스감염증 등을 일으킨다.

말라리아는 동남아나 아프리카 등지를 여행할 때 주의해야 한다고 알려진 감염병인데 최근 한국에서도 발생하고 있다. 얼룩날개모기라는 녀석이 주로 전파하는데, 질병관리청 보고서에 따르면 2018년 국외 유입 감염자 75명보다 훨씬 많은 숫자인 501명이 서울, 인천, 경기도 등에서 감염되었다.

뎅기열은 주로 열대나 아열대 지역에서 뎅기모기를 통해 전파된다. 그래서 뎅기열 감염은 국외에서 뎅기모기를 통해 감염된 경우가 대다수이다. 흥미로운 점은 2013년 제주도에서 뎅기열을 옮기는 흰줄숲모기가 발견된 것이다. 베트남에서 선박을 통해 유입된 것으로 보이는데, 제주도에서 죽지 않고 살아남은 점이 흥미롭다. 제주 기후가 아열대성으로 바뀌고 있어서, 보통은 유입되더라도 금방 죽어야 할 모기가 번식한 듯하다. 기후변화가 모기를 살려준 셈이다.

감염병을 유발하진 않았지만 2025년 한국을 떠들썩하게 만들었던 러브버그도 마찬가지다. 어떤 경로로 들어왔는지 아직 명확하진 않지만 아열대에 주로 서식하는 이 녀석들이 수도권에 급격하게 늘어난 이유는, 유입된 이후 정착할 수 있는 환경이 만들어졌기 때문이다.

모기 같은 곤충은 변온동물로서 주변 환경의 영향을 크게 받는다. 모기의 생체 기능 대부분은 외부 기온, 습도, 강수량, 일사량 등에 크게 의존한다. 일반적으로 온도가 가장 큰 영향을 미쳐서 따뜻한 지역의 번식률과 생존율이 더 높은 경향이 있다.

대부분 경험했겠지만, 요즘은 여름에만 모기가 보이는 것이 아니다. 때로는 봄인데도 모기가 등장하고, 자주는 아니지만 아직 봄이 오지 않은 늦겨울에도 모기가 보인다. 가을은 말할 것도 없다.

실제 서울은 11월에 모기가 폭발적으로 늘어나는 경향을 보인다. 기후변화로 가을 기온이 상승하여 추위가 늦게 시작되면서 모기의 활동 기간이 늘어났고, 장마와 불볕더위가 잦은 여름보다 환경이 쾌적해서 모기의 활동이 많아졌기 때문이다. 게다가 가을은 모기의 산란기이기 때문에 여름보다 훨씬 많은 피를 섭취하려 한다. 또 일교차가 큰 가을에는 모기가 상대적으로 따뜻한 실내로 이동하기 때문에 우리로서는 가을 모기가 늘어난 것처럼 느낄 수 있다. 결국 기후변화는 그만 헤어지고 싶은 모기를 우리 주변에서 질척거리게 만들어주고 있다.

　기후변화로 인한 모기의 거주지 및 활동 변화는 우리나라만의 일이 아니다. 모기의 활동 변화는 이제 '글로벌 트렌드'여서 우리나라보다 더욱 심각한 지역이 많다. 최근 미국과 유럽에서 발생한 말라리아 환자 뉴스가 미국 CNN, 영국 BBC 등의 머리기사를 장식했다. 아직 여름이 본격적으로 시작하지도 않았는데 감염병 경고가 나온 것이다.

　사실 우리가 겪는 기온 변화를 보면 모기의 활동 변화가 당연한 일이다. 주로 아열대 지역에 있던 모기의 서식지가 기후변화로 인해 온대 지역으로 확장되고 있는데, 한국 같은 온대 지역의 기후가 아열대화되면서 모기의 활동 조건에 맞는 환경으로 바뀌었기 때문이다.

　이러한 환경 변화는 모기뿐만 아니라 진드기 같은 다른 질병 매개 곤충의 활동 조건에도 부합하기 때문에, 모기가 유발하는 질병을 넘어서 한국에서는 발생하지 않던 새로운 질병이 나타날 가능성이 증가하고 있다.

온대 지역의 아열대화도 문제지만 어쩌면 더 큰 문제는 몹시 추운 한대 지역이 따뜻해지는 것이다. 현재 지구상에서 가장 기온 상승률이 큰 지역은 북반구 고위도 지역이다. 여름 기온이 30도가 넘는 일이 잦아지면서 몇 년 전만 해도 빙하로 덮여 있던 지역이 녹아 맨땅이 드러나고 있다. 영구동토층이 녹아 물웅덩이가 생기고, 더운 열대 지역과는 달리 물이 증발하지 않고 계속 고여 있기에 모기가 산란할 수 있는 최적의 장소로 변했다.

연구에 따르면 온도가 1도 오르면 모기 유충의 성장 속도가 10% 증가하고, 2도 오르면 모기의 생존 가능성이 50%나 증가한다.

기하급수적으로 늘어난 북극 모기떼는 그곳의 순록을 공격하는 약탈자가 된다. 순록은 이러한 피해를 피하기 위해 서식지를 바꾸고, 그러면 순록의 거주지 변화로 인해 식물, 토양, 동물 생태계 모든 것이 바뀌어 결국에는 북극의 '생태계 재난'을 유발할 수 있다.

얼음에서 풀려난 바이러스

동토의 땅 극지에 대한 얘기를 더 하자면, 극지에 묻혀 있는 바이러스 또한 우려의 대상이다. 기후변화로 전 세계 어디보다 강력한 온난화가 진행되고 있는 북극 동토 지역은 빠른 속도로 녹고 있다. 2년 이상 0도 이하를 유지해서 얼음의 땅이라 불리는 영구동토층이 녹으면서 절대적 면적이 줄어들고 있다.

최근 다양한 연구자들이 영구동토 속에 얼어 있던 이산화탄소와 메테인이 대기로 방출되면 기후변화를 가속화시킬 것이라 경고하고 있다.

이러한 상황을 고려하면 얼어 있던 바이러스가 대기로 빠져나올 가능성 또한 제기될 수밖에 없다. 2014년 프랑스 연구팀이 시베리아 동토에서 3만 년 전 바이러스를 채취하여 실험실에서 부활시키는 데 성공했다. 뿐만 아니라 시베리아 야말반도에서는 영구동토층이 녹으면서 순록 사체에 있던 탄저균이 되살아나 지역 주민을 감염시키는 사례가 발생하기도 했다. 탄저균은 독성을 가지고 있어, 호흡을 통해 폐로 유입되면 사망에 이를 수 있다. 우려가 현실이 되어가고 있다. 이러한 현실은 결국 인류에게 새로운 공중보건 위협이 될 수밖에 없다. 완전히 종식되지 않은 코로나19 사례처럼 새로운 질병이 도래할 수도 있다.

기후변화로 인한 여러 질병 이슈가 현재는 큰 문제가 아닐 수 있다. 아직은 우리가 대응할 수 있기 때문에 그럴 것이다. 하지만 전 세계적으로 나타나고 있는 모기의 활동 변화는 분명 재앙의 씨앗이다.

한국은 그동안 살기 좋다고 알려진 온대기후의 특성을 보였지만, 이제는 아열대화되었다고 해도 좋을 정도의 변화를 겪고 있다. 시간이 지나면 아열대화가 더욱 심각해지고, 각종 병원체를 품은 모기들이 시기를 불문하고 몰려올지 모른다. 결국 기후변화로 인해 과거에는 한국에 없던 질병이 창궐할 수 있다. 지금 눈에 보이는 것이 전부가 아니니 방심하면 안 된다.

기후변화는
패션 트렌드를 바꾼다

 매일 아침 눈을 뜨면 날씨를 확인하고 출근길에 어떤 옷을 입을지 고민한다. 사람은 누구나 외출할 때 어떤 옷을 입을지 끊임없이 생각한다. 적어도 나에게는 유일하게 교복을 입은 중학교 시절을 제외하곤 고민거리다. 어떤 옷을 입느냐는 단순히 멋을 넘어 그 사람의 성향을 나타내기도 한다.

 옷차림을 결정하는 우선 요인은 날씨일 것이다. 그런데 그 날씨가 변해서 무더운 여름이 더욱 뜨거워지고 있다. 반면 봄, 가을 간절기에 맞추어 입던 옷들은 옷장에 갇힌 채 바깥세상 구경할 날이 줄어들고 있다.

 기후변화는 사람들의 옷차림에 지대한 영향을 끼칠 수밖에 없다. 아직 대부분은 인지하지 못하고 있지만, 기후변화로 인한 날씨의 극단적 변화는 개인의 선택을 바꾸고 나아가 의류 산업의 미래를 바꾸어놓을 수 있다. 원하든 원하지 않든 기후변화는 패션 트렌드에 지대한 영향을 끼치고 있다.

무더위가 불러온 유행

지구 기온이 상승하고 특히 여름철 폭염이 심해지면서 열을 견디면서도 편안한 상태를 유지할 수 있는 옷차림이 유행하고 있다. 게다가 한국 같은 지리적 위치에 있는 지역들은 집중호우 강도가 증가하며 더 많은 비가 내려 습도가 높아지면서 도시를 한증막으로 바꾸기도 한다.

그래서인지 최근 여름이면 몸에 달라붙지 않아 바람이 잘 통하는 루즈한 핏의 옷들이 눈에 많이 띄고 있다. 물론 기후변화뿐만 아니라 다른 문화적 요인도 있겠지만 더위에 대응하는 기능을 지닌 루즈핏이 각광받는 것은 분명해 보인다.

밝은 색상의 옷으로 더위를 극복하는 방법도 있다. 실제로 하얀색은 태양에너지를 많이 반사하기 때문에 얼음이나 눈이 있는 지역은 다른 곳에 비해 기온이 낮다. 마찬가지로 흰옷을 입으면 스스로가 반사판이 되어 온도를 조금 낮추는 역할을 할 수 있다.

기후변화에 적응하는 측면에서 더운 여름에 색이 밝으면서 얇고 펑퍼짐한 루즈핏 옷을 입으면 좋을 것 같다. 슬기로운 기후 대응 패션으로 말이다.

기후변화는 소비자의 옷차림뿐만 아니라 제조사의 의류 소재 선택에도 영향을 끼치고 있다. 통기성이 좋은 유기농 면, 리넨 같은 자연 소재 섬유의 인기가 높아지고 있다. 보통 이런 소재들은 가볍고 수분을 잘 흡수해서 여름 폭염이 지속되는 지역에서 수요가 상승하고 있다. 기후변화 대응, 지속가능성, ESG*Environment, Social, Governance* 등과 맞물려 소비자들의 새로운 구매 패턴이 영향을 끼친 것으로 보인다.

그동안 널리 사랑받았던(물론 아직도 많은 사랑을 받고 있지만) 나일론과 폴리에스터 같은 합성섬유는 통기성이나 땀 흡수율이 떨어져 앞으로 천연섬유 수요가 더욱 증가할 듯하다.

이렇듯 기후변화는 의류 소재의 수요를 바꾸기도 하지만, 의류 원자재 공급망에도 지대한 영향을 끼칠 수 있다. 기후변화는 가뭄, 폭우, 폭설, 폭염 등을 동반하기에 농작물 생산에 악영향을 끼치고, 원자재 가격이 오르거나 공급이 불안정해질 수 있다. 결국 제품 가격이 상승하는 것이다. 친환경이라는 좋은 선택을 한 덕에 가격이 오르는 불상사가 발생하면 경제성이 사라질 수 있다. 따라서 패션 산업계는 기후변화에 대응할 수 있도록 친환경 소재 공급망을 다각화하며, 지속가능한 새로운 소재 개발에도 관심을 쏟아야 할 것이다.

스타일리시하게 지구를 돌보는 법

환경이라는 큰 어젠다에서 보면 우리가 크게 간과하고 있는 사실이 있다. 의류를 생산, 소비, 폐기하는 모든 과정이 기후변화에 영향을 끼칠 수 있다는 점이다.

앞서 얘기한 것처럼 기후변화가 의류 산업에 영향을 끼친다는 사실은 당연히 쉽게 받아들일 수 있다. 하지만 의류 산업이 기후변화에 영향을 준다고 하면 의아해하는 분이 있을 것이다.

막대한 석탄을 사용하는 철강·중화학 산업만 온실가스를 배출하는 것이 아니라 의류 같은 패션 산업 또한 분명 온실가스를 배출한다. 의류를 포함한 패션 산업은 전 세계 온실가스 배출의 약 10%를 차지하고 있다. 적지 않은 숫자다. 이 수치는 전 세계에서 운행하는 항공, 선박 등의 운송 수단에서 배출하는 양보다 많다. 그리고 이 숫자는 급성장한 트렌드인 패스트 패션*fast* *fashion*과 크게 연관되어 있다.

패스트 패션 또는 스파SPA, *speciality retailer of private label apparel* 라 불리는 의류 제조업은 햄버거, 피자, 라면같이 빠르게 먹을 수 있는 패스트푸드처럼 최신 유행을 반영하면서 빠르게 생산하는 업종이다.

최신 패션을 싼값에 전 세계에 마구 공급하려는 트렌드가 의류 산업을 기후변화에 기여하게 만들었다. 가장 큰 문제는 너무 많이 만들기 때문에 너무 많이 버려진다는 점이다. 패스트 패션으로 인해 전 세계에서 버려지는 옷은 매년 약 9,000만 톤으로 추정된다. 이 중 상당수가 한두 번만 입고 버려지며, 새 옷이 버려지는 경우도 많다.

패스트 패션은 대량생산에 힘입은 저렴한 가격으로 소비를 촉진하지만, 옷의 수명이 짧아지고 결국 쓰레기가 되는 악순환이 발생했다. 이 과정에서 온실가스 배출, 토양오염, 원자재 낭비, 에너지 낭비가 발생하며, 해가 갈수록 의류 폐기물 처리 비용이 높아지는 문제도 일어났다. 일부 선진국에서는 의류 폐기물을 개발도상국으로 보내고 있으나, 그 지역의 환경오염 문제가 커지고 있다.

특히 물과 관련된 이슈가 매우 중요해졌다. 면을 생산하는 과정에서 많은 물이 낭비되며, 의류 염색 과정에서 염료가 하수로 유입되어 수질오염을 유발할 수 있기 때문이다.

이 글을 읽는 독자들의 가정에는 패스트 패션 브랜드 옷이 적어도 하나쯤은 있을 것이다. 나도 마찬가지다. 패스트 패션을 사는 일이 나쁘다거나 만드는 일이 잘못된 것은 아니다. 다만 수요와 공급에 맞춰 필요한 양만큼 생산하고 소비하는 것이 중요하다.

이제는 패션 산업이 지속가능한 사업이 되기 위해 변화할 필요가 있다. 실제로 의류 기업들도 이 부분에 대응하려 하는 듯하다. 세계적으로 유명한 패스트 패션 브랜드들이 앞다투어 지속가능성 라인을 출시하거나, 친환경 섬유를 도입하거나, 재활용 소재를 적극 활용한 제품을 내놓고 있지만 그렇게 큰 호응은 얻지 못하는 것 같다. 오히려 그린워싱 *greenwashing*(위장 환경주의) 사례로 치부되기도 한다. 일부 제품을 과도하게 홍보하면서 해당 기업의 제품이 모두 친환경인 것처럼 포장하기 때문이다. 누구나 쉽고 빠르게 정확한 정보를 얻을 수 있는 시대이기에 기업의 속임수는 이제 통하지 않는다.

친환경 의류에 대한 소비자들의 수요는 지속적으로 증가할 것이다. 이제는 패스트 패션이 아닌 '슬로 패션'으로 과도한 생산을 지양하고 내구성을 강화하는 쪽으로 전환하는 것이 지속가능한 생존 방식일 것이다.

누구나 아침 출근길에 멋진 옷을 입고 스타일리시하게 집을 나서고 싶을 것이다. 많은 사람이 여전히 저렴한 옷을 구매하는 데 집중하고 있지만, 앞에서 본 것처럼 패션 산업과 연관된 지나친 소비와 폐기물 급증은 기후변화와 환경오염이라는 큰 문제에 기여하고 있음을 유념해야 한다. 오늘 나의 패션이 지금 우리가 경험 중인 기후변화를 바꾸는 데도 기여할 수 있다는 의미다.

바꾸어 말하면 당신의 기후감수성이 패션이라는 일상적 행위에 스며들 때, 그것은 더 이상 옷을 고르는 행위가 아니라 우리가 살아갈 지구를 돌보는 삶의 태도로 나아가 기후변화에 대응하는 조용하지만 뜻깊은 연대가 될 것이다.

사회적 재난을 불러올
기후팬데믹

  사람들 대부분에게는 기후팬데믹이라는 용어가 생소할 것이다. 이런 용어가 쓰이지 않기 때문이다. 어색하긴 하지만 이보다 적합한 용어가 없는 것 같아 내가 기후팬데믹이라고 이름을 붙였다. 코로나19로 인한 전염병 팬데믹을 경험했기에 이제는 팬데믹이라는 용어가 모두에게 친숙해져서 차용했지만, 뜻을 살펴보면 아주 적절한 용어인 것 같다.

  팬데믹은 전염병이나 감염병이 범지구적으로 유행하는 현상을 말한다. 지금 우리가 겪고 있는 기후변화 양상과 유사하다. 2024년 여름 한국의 폭우와 폭염, 중국의 폭우, 캐나다의 산불, 미국의 폭염, 알제리의 폭염, 인도의 폭염, 오스트레일리아와 남미의 폭염 등 어느 대륙 하나 빠짐없이 이상기후 현상이 나타났다.

중학교 과학 수업에서 배웠듯이 우리가 살고 있는 북반구가 여름이면 지구 아래쪽 남반구는 겨울이다. 그런데 한겨울에 남반구의 기온이 38도까지 치솟았다. 기후변화는 지구과학의 상식마저 무너뜨리고 극단적인 현상을 유발하고 있다. 앞으로 기후변화의 부정적 영향이 더 강해진다면 코로나19로 인한 팬데믹은 비교할 수 없을 정도로 강력한 규모의 기후팬데믹이 올 수밖에 없다.

노인을 위협하는 폭염 피해

어떤 사람들은 이렇게 말한다. '코로나19 같은 전염병 팬데믹은 사람의 건강에 직접적인 영향을 끼쳐 목숨을 앗아갈 수 있기에 빠르게 대처하지만 기후변화는 그런 일이 아니지 않느냐'라고. 본인이 직접 경험하지 않으면 그렇게 생각할 수 있다. 그러나 2023년 여름 충북 청주 오송에서 발생한 폭우 피해, 2022년 서울에서 발생한 폭우 피해는 분명 기후변화 때문에 일어난 직접적 재해다.

최근 미국에서 대중에게 기후변화를 알리기 위해 열심히 활동하고 있는 기후 연구 단체 '클라이밋 센트럴Climate Central'이 발표한 자료에 따르면 전 인류의 81%가 2023년 7월 뜨거운 여름을 경험했으며, 20억 명이 매일같이 기후변화로 인한 더위로 고통받고 있다. 정확히 집계되지는 않았지만 수많은 사람이 직간접적으로 건강에 심각한 악영향을 받은 것으로 예상된다. 뿐만 아니라 그해 여름 전 지구적으로 발생한 폭염의 사회경제적 피해는 산술적으로 계산하기 어려울 것으로 전망되었다.

몇 해 전 내가 속한 서울대학교 연구팀은 기후 예측 기술 중 하나인 지구 시스템 모델(컴퓨터에서 지구 기후변화를 모의할 수 있게 만든 전산 모델)을 활용하여 기후변화에 따른 미래 폭염 및 고령화 피해를 연구했다. 그때 우리의 질문은 '과연 우리가 기후변화 대응 목표로 잡고 있는 1.5도 타깃 온도(산업화 이후 기점)에 도달하면 더 이상 뜨거운 폭염을 동반하는 여름은 나타나지 않을 것인가'였다. 안타깝게도 1.5도에 도달하면 과거 100년 동안 경험하지 못한 뜨거운 여름이 찾아올 것이라 예측되었다.

여기서 주목해야 할 것은 폭염이 강해지고 있다는 사실보다 그 폭염이 고령화라는 인구학적 구조 변화와 맞물릴 때 발생하는 복합적 위기이다. 이는 단순한 자연재해가 아니라 사회적 재난으로 확장될 수 있는 가능성을 의미한다.

현재 세계 여러 지역에서 동시에 나타나고 있는 고령화는 인구구조의 중대한 변화를 이끌고 있다. 고령화는 단순히 의료나 복지 체계의 부담을 넘어서 기후재난에 대한 사회 회복력 자체를 악화시키는 요인이다. 예를 들어 인도와 중국 같은 인구 대국은 이미 극심한 폭염과 동시에 빠르게 진행되는 고령화라는 이중고에 직면해 있다. 향후 수십 년 내에 65세 이상의 인구 비율이 10대 청소년보다 높은 사회가 될 것이라는 분석도 나온다.

기후변화가 심화될수록 노인층이 폭염으로 더 큰 위험에 처할 가능성이 높아진다. 노인들은 체온조절 능력이 떨어지고 만성질환을 앓고 있을 가능성이 높아 더위에 대한 경고신호를 인지하거나 적절히 대응하기 어려울 수 있다. 더위가 심해진다는 사실보다, 이러한 사회적 약자들이 증가하는 현실이 사회의 기후 취약성을 키우고 있다. 나아가 폭염은 단순한 날씨 문제가 아니라 노인 인구의 안전, 건강, 생존과 직결되는 생명권의 문제로 확장되고 있다.

이러한 상황은 한국도 마찬가지다. 한국의 여름철 기온은 더욱 상승하고 폭염은 더욱 강해질 것이다. 이 글을 쓰고 있는 2025년 여름에도 뜨거운 폭염이 한국을 덮쳤다. 이뿐만 아니라 우리나라는 고령화를 피할 수 없다. 바로 이 점이 우리가 기후팬데믹을 막기 위해 당장 행동해야 하는 이유이다. 전 지구 온도 상승 폭이 1.5도에 도달하는 약 2040년(2030~2050년 사이)경에는 우리도 지금보다 더 나이 들 수밖에 없다. 사실 이런 예측도 우스운 것이, 2025년 현재 이미 1.5도 타깃 온도에 도달해버렸기 때문이다. 기후변화는 생각보다 훨씬 빠르게 진행되고 있다.

망가지면 돌이킬 수 없는 우리의 집

미래의 당신이 폭염을 충분히 감당할 수 있을 거라고 생각한다면 큰 착각일 수 있다. 지금 기후변화를 막아야 하는 이유는 당신보다 건강할 미래 세대가 아니라 나이 들어 폭염에 취약해질 우리 자신 때문이다. 기후팬데믹의 가장 큰 피해자는 우리가 될 수 있다는 점을 인지해야 한다.

코로나 팬데믹은 백신을 통해 치유되었지만 기후팬데믹은 고칠 수 있는 백신이 없다. 만약 백신이 있다면 그 백신의 능력은 영화에 나오는 신처럼 세상을 다시 창조할 수 있는 정도여야 할 것이다. 지금 우리가 하늘을 나는 자동차를 만들고, 우주선을 타고 지구 밖으로 관광을 떠나고, 암을 정복하고, 노화를 막는 신비의 약을 만들어도 이 지구가 망가지면 끝이다. 집이 없는데 초호화 가전제품이 무슨 의미가 있겠는가.

이제부터라도 한국 기후변화 대응의 역사를 새로 써야 한다. 다시 한번 강조하지만, 기후변화는 그 어떤 전염병보다 강력한 기후팬데믹을 불러올 것이다. 따라서 기후위기 대응을 위한 정책, 도시 설계, 복지 시스템, 사회 안전망은 단순히 '온도를 낮추는 것'이 아니라, 급변하는 인구구조 속에서 어떻게 더 많은 이가 안전하게 살아갈 수 있을지를 설계하는 쪽으로 바뀌어야 한다.

기후위기는 또 다른 전쟁을 부른다

2025년 현재 러시아와 우크라이나의 전쟁이 끝나지 않았건만 세계의 화약고인 중동 가자지구가 뜨겁다. 2025년 여름 TV 뉴스에서는 영화에서나 볼 수 있을 것 같은 장면이 매일 방송되었다. 이스라엘과 이란이 무력 충돌을 벌었고, 연신 서로에게 미사일을 발사하며 검은 밤하늘을 붉게 밝혔다. 이란에 대한 미국의 미사일 공격으로 12일간의 짧은 전투는 끝났지만, 믿기 힘든 일이었다.

   사실 TV로 보는 참혹한 세상은 자신이 체감할 수 없기에 영화를 보는 것 같은 기분이 든다. 분명한 사실은 현실에서 미사일, 총칼과 같은 무기에 많은 사람이 목숨을 잃고 있다는 것이다. 그래서 여러 국가가 전쟁 피해를 방지하고 주변국이나 내부의 분쟁으로부터 국가 안보를 지키기 위해 많은 노력을 기울이고 있다. 하지만 흔히 간과하는 부분이 있다. 바로 기후안보, 즉 기후변화가 국가 안보를 위협할 수 있는 실존적 위협 요인이 될 수 있다는 점이다.

사라진 문명인들은 어디로 갔을까

전쟁이나 분쟁 발발을 정확하게 예측하기는 어렵지만, 당사자들의 이해관계에 따른 요인을 고려해보면 어느 정도 짐작할 수 있을 것이다. 언젠가는 문제가 터질 것이라고 긴장하며 주시할 것이기 때문이다. 하지만 기후변화에 따른 안보 위협은 예측도 대응도 매우 어렵다. 인류 역사를 돌아보면 분명한 사실이다.

여기서 잠시 샛길로 빠져 역사를 논하기에 앞서 영화 얘기를 하려 한다. 나는 영화 〈인디아나 존스〉를 무척 좋아한다. 물론 제일 좋아하는 배우도 해리슨 포드다. 어릴 적 영화에서 본 해리슨 포드는 정글을 누비며 악당을 물리치고 놀라운 신공으로 보물을 찾아내는 나의 영웅이었다.

몇 번이고 DVD를 돌려 보며 시간 가는 줄 몰랐던 어린 시절에 늘 궁금했던 것이 있었다. 영화에 나오는 보물의 주인공들은 도대체 어디로 사라진 것일까? 주인 없는 보물을 찾는 해리슨 포드의 모험은 흥미진진했지만, 사라진 보물의 진짜 주인에 대한 이야기는 늘 내게 궁금증으로 남아 있다. 그 많은 보물의 주인은 왜 어디로 사라진 것일까? 흔적도 없이 말이지.

내가 어릴 적부터 가지고 있던 질문의 대답은 2013년 학술지 〈네이처 지오사이언스 *Nature Geoscience*〉에 실린 논문을 통해 찾을 수 있었다. 바로 2008년 개봉한 〈인디아나 존스: 크리스탈 해골의 왕국〉에 나온 마야문명 이야기였다. 영화는 인디아나 존스가 세계를 지배할 힘을 지닌 크리스탈 해골을 차지하기 위해 마야문명이 번성했던 전설의 도시를 찾는 이야기다.

〈네이처 지오사이언스〉 논문은 크리스탈 해골의 주인이 소리 소문 없이 사라진 원인을 밝혔다. 거대했던 마야문명이 순식간에 사라진 이유에 관해 많은 사람이 의문을 가지고 탐구하기 때문에 언젠가는 진실이 드러날 것이었다.

고고학 기록을 보면 마야문명은 굉장히 우수한 과학기술을 가지고 있어 도시에 우물을 만들고 농사짓기 위해 관개를 하는 등 시대를 앞서가고 있었다. 전체 아메리카 대륙에서 당시 가장 앞선 언어를 가지고 있었으며 상형문자를 완성하여 책을 만들어 역사 기록을 남기기도 했다. 그래서 이렇게 뛰어난 문명이 사라진 이유의 해답을 찾는 것이 인류의 역사적 숙제로 남아 있었다.

〈네이처 지오사이언스〉 논문에서 24개국 78명의 과학자로 이루어진 연구팀은 문헌 정보, 역사 사료, 나이테 분석, 빙하 시추 등 다양한 분석 기법을 통합하여, 마야문명이 붕괴한 시기가 중앙아메리카 지역에 심각한 가뭄이 도래한 시기와 일치함을 밝혀냈다.

뿐만 아니라 2018년 영국과 미국의 지질학자, 기후학자, 고고학자 등 다양한 분야의 연구자로 구성된 연구팀은 마야문명이 번성했던 지역의 호수 속 침전물 분석을 통해 당시 기온이 상승하고 강수량이 줄어들었다는 사실을 밝혀냈다. 즉, 급격한 기온 상승과 지속적인 강수량 감소에 따라 사용할 수 있는 수자원이 부족해지면서 가뭄이 발생했고, 마야문명은 심각한 식량 위기를 맞이했을 것으로 추정했다.

물론 가뭄이 마야문명을 붕괴시킨 절대적 원인이라고 단정할 수는 없다. 하지만 최근 발표되고 있는 다양한 분야의 후속 연구 결과 대부분이 기후변화를 마야문명 붕괴의 주범으로 지목하고 있다.

기후를 연구하는 사람으로서 여기서 드는 의문은 '정말 가뭄이 그렇게 심각했던 것일까. 얼마나 피해가 심각했기에 문명이 사라졌는가'이다. 이런 의문이 드는 이유는 현재를 살아가는 나의 기준으로 봤기에 그럴 것이다.

가뭄 정도가 같더라도 피해에 대응하는 능력이 어느 정도냐에 따라 피해 양상은 달라질 것이다. 보통 이러한 능력을 기후적응 능력이라고 한다. 기후적응이란 기후변화로 인한 피해를 완화할 수 있는 역량을 가리킨다. 앞으로 다가올 기후변화의 피해를 정확히 예측하거나, 현재 일어나는 피해를 최대한 줄일 수 있는 정확한 모니터링 및 사회적 인프라 구축, 그리고 발생한 피해를 빠르게 복구할 수 있는 지원 체계 등 다양한 요소를 포함한다.

모든 것을 종합해보면, 문명의 멸망을 초래한 가뭄은 마야의 기후적응 역량이 부족했기 때문일지도 모르겠다. 물론 당시 수준에 비해 높은 과학기술을 가지고 있었기에 나름의 기후적응 능력이 있었을지 모르겠으나 결국 능력을 넘어선 피해를 극복하지 못했다면 기후적응 능력이 부족했다고 할 수 있다.

기후변화는 화려한 마야문명을 현실 세계가 아닌 세계사 책 속으로 가두어버렸다. 무시무시한 전쟁인 제2차 세계대전 당시 인간이 발명한 가장 무서운 무기인 원자폭탄 투하에도 불구하고 인류 문명이 사라지진 않았지만 기후변화의 영향은 달랐던 것이다.

물론 총칼을 앞세운 전쟁이 돌이킬 수 없는 피해를 만들지 않는 것은 아니다. 그렇지만 지금의 문명을 송두리째 앗아가진 않을 것이다. 우리가 걱정해야 할 가장 큰 위협 요인은 기후변화 피해가 유발할 수 있는 또 다른 리스크인 기후안보일지도 모른다.

우물 안 개구리에서 벗어나야 하는 이유

기후안보에서 심각하게 고민해야 할 점은 우리가 사는 한국이 겪는 기후변화 피해만이 한국의 안보 위협이 될 것이라는 우물 안 개구리 같은 생각이다.

한국의 사회, 경제, 문화는 단순히 국내 정세에만 의존하는 것이 아니다. 예를 들어 한국은 전 세계에서 일곱 번째로 많은 식량을 수입하여 식량자급률이 OECD 38개 국가 중 최하위다. 식량 안보가 매우 취약하다. 다른 국가의 농작물 생산량 감소가 한국의 밥상 물가에 막대한 영향을 끼쳐 경제 안보까지 영향을 끼칠 수 있다.

2023년 아르헨티나는 60년 만의 최악의 가뭄을 겪으며 대두(콩)와 옥수수 생산량이 대폭 감소했다. 그런데 아르헨티나는 한국이 수입하는 대두 사료 및 식용 유지의 주요 공급원이기에 우리나라는 큰 타격을 받을 수밖에 없었다. 실제로 대두 가격이 급등하면서 두부, 콩기름, 된장, 간장 등 필수 가공식품의 가격이 상승하여 서민 식탁에 직접적인 부담을 주기도 했다. 이뿐만 아니라 사료용 대두 가격 상승은 축산업에도 파장을 미쳐 육류 및 유제품 가격 인상이라는 연쇄 효과를 낳았다. 식량 대부분을 수입에 의존하는 한국이 얼마나 쉽게 지구 반대편의 기후재해에 영향을 받는지를 잘 보여주는 사례다.

에너지도 마찬가지다. 한국은 막대한 에너지 원료를 해외에서 사들이고 있다. 러시아–우크라이나 전쟁을 통해 나타난 에너지 수급 문제를 살펴봤을 때 에너지 공급 국가의 기후변화 피해로 인한 정책 변화는 한국의 에너지 안보를 뒤흔들 수 있다.

지난 2021년과 2022년 유럽은 전례 없는 기록적 폭염과 가뭄에 시달렸다. 가뭄이 심각해지고 댐 수위가 낮아지자 노르웨이처럼 수력발전 비중이 큰 국가들은 전력 생산에 차질이 생김에 따라 자국의 전력 수급을 위해 전기 수출을 제한하는 조치를 취했다. 유럽의 에너지 가격이 폭등하고 국제 액화천연가스 수요가 증가했다. 결국 천연가스를 수입에 의존하는 한국의 도입단가가 상승하여 한국의 전기 요금 및 난방비 인상을 유발했다. 국민 생활비 부담과 기업의 비용 증가로 이어지는 이중 타격을 초래한다.

이렇듯 수많은 안보 위협 요인이 도사리고 있지만 가장 심각하게 봐야 할 점은 역시 국방과 관련한 안보 문제다. 한국은 세계적으로 드문 분단국가로, 이러한 지정학적 특수성은 기후변화의 파급 효과를 더욱 심각하게 만들 수 있다. 특히 국경을 맞대고 있는 북한은 사회 인프라가 기후재난에 취약하며, 기후위기 대응 기반을 제대로 갖추지 못했다. 따라서 반복되는 가뭄, 홍수, 태풍 등의 피해가 심각한 사회경제적 불안으로 이어질 수 있다. 북한의 식량난이나 에너지 부족은 내부 불안정을 넘어 국경 이동 증가, 강경한 정치적 대응, 나아가 군사적 긴장 고조라는 형태로 표출될 수 있으며, 이는 고스란히 한국에 대한 군사적 안보 위협이 될 수 있다.

실제로 미국 바이든 행정부 초기에 중앙정보국이 발간한 보고서에 따르면 기후충격이 북한과 같은 취약 국가의 내부 긴장을 고조시키고, 주변국에까지 안보적 파장을 미칠 수 있다고 강조하였다.

이처럼 기후위기는 단순한 환경 변화 문제를 넘어 국방 안보와 직결되는 복합 위기로 작용하며, 한국은 그 최전선에 서 있다. 기후변화 적응 능력이 취약하면 기후변화 피해가 기존 정치·사회·경제적 약점을 강화하여 다른 국가들의 체제 안정을 위협할 것이다. 이러한 요인은 우리가 경계해야 할 실존적 위협이 될 수 있다.

기후변화의 물리적 피해는 한 국가의 문제를 넘어선다. 마야에서 벌어진 일이 마야에서 끝난 것과는 다르다. 앞으로는 기후변화 대응을 거시적 *macro* 관점에서 바라봐야 한다. 식량, 에너지, 국방 등 여러 사례에서 보았듯이 기후적응 체계를 강화하는 과정에서 한국 현황에만 대응하는 것이 아니라 전 지구 관점에서 대응해야 한다.

영화 속 인디아나 존스는 마야문명이 남긴 크리스탈 해골을 차지하기 위해 목숨을 건 사투를 벌였다. 크리스탈 해골이 세상을 지배할 힘을 가진 엄청난 보물이라 믿었기 때문이다. 하지만 마야문명이 우리에게 남겨준 진짜 유산은 기후변화에 대한 교훈이다. 기후변화에 슬기롭게 대처할 수 있는 능력을 키우는 것이 바로 세상을 지배하고 문명을 잇는 가장 큰 능력이라는 값진 보물을 남긴 것이다. 이제 우리가 그 보물을 찾아나설 때다.

지구의 호흡이 가빠지고 있다

나는 연말이 다가오면 연례행사로 건강검진을 한다. 12월 병원을 찾아 혹시나 건강에 문제가 있는지 긴장하며 몸 안팎을 검사한다. 떨리는 마음으로 결과지를 열어보고 건강하다는 판정을 받은 뒤에야 조금은 개운한 마음으로 맥주를 들이켰던 일이 기억난다. 중년이라면 비슷한 경험이 있을 것이다. 문제가 있으면 찾아내 빨리 고치고 오래오래 잘 살고 싶기 때문이다.

그렇다면 개인의 건강이 아니라 우리 모두 관심을 가져야 할 지구의 건강 상태는 어떨까? 이 질문에 쉽게 답할 수 있는 독자는 드물 것이다. 지금부터 함께 지구를 진찰해보자.

지구의 건강상태를 알아보는 법

지구의 건강 상태를 파악하기 위해 사람처럼 혈액을 뽑거나 엑스레이를 찍어볼 수는 없다. 지구라는 행성을 구성하는 요소가 너무 많기 때문이다. 물, 나무, 흙 그리고 사람 등등 너무도 다양하다. 그렇다고 방법이 아예 없는 것은 아니다. 지구를 구성하는 모든 요소의 상호작용*earth system interaction*에 의한 결과물을 보면 된다. 바로 대표적인 온실가스인 이산화탄소다.

모순되게도 이산화탄소는 현재 너무 많아 지구 생태계를 위협하는 기후변화 유발 물질인데, 이 원인 물질이 결과적으로 지구의 건강을 파악할 수 있는 지시자 역할을 한다. 그 이유는 대기 중 이산화탄소 농도에 '계절성'이라는 특징이 있기 때문이다.

계절성은 말 그대로 계절에 따른 변화를 말한다. 예를 들어 추운 겨울이 지나고 따스한 봄이 오고, 무더운 여름이 지나면 서늘한 가을이 찾아오고 다시 추운 겨울을 맞이하는 기온의 변화가 온도의 계절성이다. 온실가스 증가로 매해 연평균기온이 높아지고 있지만, 이러한 기온의 뚜렷한 계절 차이는 유지한 채로 상승하고 있다.

대기 중 이산화탄소 농도도 마찬가지다. 대기 중 이산화탄소 농도는 사람들이 사용하는 막대한 화석연료를 통해 매해 증가하지만, 자세히 들여다보면 겨울을 지나 봄에 연중 최댓값을 보이고 여름이 되면 오히려 농도가 줄어 연중 최젓값을 찍고 가을이 되면 다시 증가하기 시작하는 계절성이 띤다. 지렁이가 꾸불꾸불 기어가듯이 증가하는 것이다.

여기서 대기 중 이산화탄소 농도의 계절성이 어떻게 지구 건강을 판단하는 척도가 되는지 이해할 필요가 있다. 북반구 육지 면적의 약 80%는 지구 생물권 *biosphere*의 대표 주자인 식생*vegetation*으로 덮여 있다.

기온이 올라가고 일조량이 풍부한 봄이 오면 꽃이 피고 나무에 잎이 나기 시작한다. 우리 동네 뒷산 풍경이 어두운 갈색에서 푸른 초록으로 변한다. 북반구 지역별로 약간의 시차는 있지만 대부분 저위도에서 고위도로 봄이 시작된다. 우주선을 타고 하늘로 올라가 지구를 바라본다면 동남아에서 한국을 거쳐 시베리아까지 시간에 따라 남쪽에서 북쪽으로 초록색이 진해지는 모습을 볼 수 있다. 바다 위에 파도가 치듯이 지구를 휘감은 거대한 초록색 파도가 육지에서 북진한다.

지구는 북반구 식생의 광합성을 통해 대기 중 이산화탄소를 빨아들인다. 이것이 지구의 들숨이다. 이렇게 지구가 숨을 들이마시면 대기 중 이산화탄소 농도는 서서히 떨어진다. 그래서 식생이 왕성한 생장 활동을 하는 여름이면 대기 중 이산화탄소 농도는 연중 최젓값을 보인다.

　무더운 여름이 지나 기온이 떨어지고 일조량이 줄어들기 시작하면 동네 뒷산은 울긋불긋 아름다운 붉은색으로 변해간다. 식생의 광합성이 끝나는 가을이 찾아온 것이다. 지구 전체적으로 보면 봄과는 반대로 북반구 고위도부터 저위도를 향해 초록이 빠져나간 자리에 붉은 융단이 깔린다. 이렇게 식생의 광합성이 멈추고 이산화탄소 흡수가 끝나면 대기 중 이산화탄소의 농도는 연중 최젓값을 지나 다시 상승하기 시작한다.

　가을이 시작되고 식생의 역할이 끝나면 식생 아래 숨어 보이지 않던 토양*soil*이 대기 중 농도를 다시 상승시키는 게임 체인저가 된다. 물론 식생이 생장하는 기간에도 토양은 제 역할을 하고 있었지만, 식생의 영향력이 커서 잘 드러나지 않는다. 그러나 식생의 생장이 멈추면 얘기가 달라진다. 토양 속 유기물이 미생물을 통해 분해되면서 지구 생태계는 이산화탄소를 대기 중으로 방출하는 역할을 한다. 이것이 지구의 날숨이다. 지구가 숨을 내쉬면 대기 중 이산화탄소의 농도는 다시 서서히 올라간다.

　물론 식생과 토양 외에 다른 요인들도 지구의 들숨과 날숨에 영향을 끼칠 수 있다. 그러나 연구 결과에 따르면 아무리 보수적으로 생각해도 지구 북반구 대기의 이산화탄소 농도 계절성을 설명할 수 있는 가장 중요한 인자는 생물권의 주요 구성 요소인 식생과 토양이다.

들숨과 날숨을 체크했으니 본격적으로 지구의 건강 상태를 확인해보자. 약 30년 이상 대기 중 이산화탄소 농도를 측정해온 지구대기 관측소 45개 지점의 측정값의 계절성을 연구자들이 장기 분석한 결과는 흥미로웠다. 모든 관측소에서 이산화탄소 농도 계절성이 강해지고 있었다.

계절성이 강해진다는 것은 연중 최댓값과 최젓값의 차이가 벌어진다는 것이다. 최댓값은 더 커지고 최젓값은 더 낮아졌다. 가장 크게 변한 북반구의 한 관측지는 지난 30년간 최대 70% 이상으로 차이가 벌어졌다. 지구의 들숨과 날숨의 강도가 바뀐 결과다. 지구의 호흡 상태가 바뀔 만큼 지구 건강이 변화한 것이다.

어쩌면 당연한 결과다. 기후변화로 봄이 빨리 찾아와 식생이 생장하는 기간이 길어져 식생을 통한 이산화탄소 흡수량이 증가하고 있다. 지구의 들숨이 점점 강해져 이산화탄소 농도의 연간 최젓값이 더 줄어들고 있는 것이다.

반대로 생장이 끝난 가을에는 온난화가 강해져 토양에서 대기로 방출되는 이산화탄소의 양이 증가하기 시작했다. 기본적으로 온대와 한대 지역의 토양은 온도가 올라가면 미생물에 의한 탄소 유기물 분해가 활발해진다. 온도가 올라가면 토양에서 대기로 방출하는 이산화탄소의 양이 많아진다는 뜻이다. 북반구 고위도 지역 영구동토층의 얼어 있던 토양이 융해하면서 나오지 말아야 할 토양 탄소가 빠져나오기도 한다. 몇 년 전 우리나라 언론들도 앞다투어 보도했던 알래스카의 이례적인 기온 상승도 이러한 토양 변화를 유발할 수 있다. 온난화로 인해 지구의 날숨 또한 강해지고 있다.

지구에 대한 처방전

이제 지구 진찰 결과를 알려드리겠다. 현재 지구는 원래 호흡보다 70% 이상 숨이 가빠진 '과호흡*hyperventilation*' 상태다. 지구의 체온은 올라갔고(온난화) 호흡은 거칠어졌다.

 의학적으로 과호흡은 공포나 흥분 상태 또는 나쁜 건강 상태 때문에 발생할 수 있다. 과학적으로 진단하면 지구는 기후변화에 따른 급격한 생태계 변화로 인해 건강 상태가 나빠졌다. 다른 한편으로는 지구가 현재의 기후변화에 대한 공포감을 우리에게 표출하는 것은 아닌가 하는 씁쓸한 생각도 든다.

 진찰을 했으니 이제 처방전을 작성해보자. 물론 의사는 아니지만, 지구를 진단하는 기후과학자로서 나의 처방은 바로 탄소중립이다.

여러분은 연말에 받은 건강검진에서 폐암을 선고받았는데 계속 담배를 태울 것인가. 아니면 간암 판정을 받았는데 저녁 식사와 함께 와인을 곁들일 것인가. 대부분은 그러지 않을 것이다. 그렇다면 지구의 건강을 위해 우리도 변화해야 한다. 내 친구가, 동료가, 가족이 열이 나고 호흡이 가빠진다면 가만히 지켜만 볼 것인가. 누구도 그러지 않을 것이다. 거칠어진 지구의 호흡을 되돌려놓기 위해 무엇을 해야 할지 다 같이 고민해보자.

탄소의 시간은
무섭도록 빠르게 흐른다

기후변화의 여러 요인 중 가장 중요한 인자는 다시 한번 강조해도 모자란 이산화탄소다.

과거부터 현재까지 진행된 기후변화를 컴퓨터 모델로 재현할 때 연구자들이 대기 중 이산화탄소 농도를 정확히 처리하면 기후변화를 비슷하게 모의할 수 있다. 과학자들이 발표하는 미래 기후변화 전망이라고 하는 컴퓨터 모델을 통한 예측값도 앞으로 얼마나 많은 이산화탄소를 배출해서 농도가 얼마나 진해질 것이냐에 따라 달라진다.

즉, 연구자들이 기후변화의 과거, 현재, 미래를 판단하는 기준은 이산화탄소 농도다. 바꾸어 생각하면 실제 대기 중 이산화탄소의 농도를 보면 현재 우리가 기후변화 관점에서 몇 년에 살고 있는지 파악할 수 있다.

우리는 몇 년에 살고 있을까

지금 우리는 몇 년에 살고 있을까? 현재 기준으로 모두가 2025년이라고 답할 것이다. 달력, 즉 고대 선조들이 하늘의 별을 보고 만들기 시작한 시간의 정의에 따르면 2025년이 맞다.

그런데 누구나 당연하게 생각하는 시간 개념을 조금만 바꾸어 기후변화 관점에서 보면 우리는 2025년이 아닌 다른 시간에 살고 있을 수도 있다. 달력의 정의에 따르면 지구상 모든 곳은 같은 2025년이지만, 기후변화를 유발하는 공기 중 탄소의 시간은 각자 다르기 때문이다. 그래서 기후변화의 시간, 바로 탄소의 시간을 얘기하려 한다. 많은 이가 두려워하는 기후위기는 각자 사는 지역 탄소의 시간이 달라서 발생하기 때문이다.

탄소의 시간을 이해하기에 앞서 기후변화의 시간을 이해하고 예측하는 방법을 이해할 필요가 있다. 기후과학자들은 기후변화를 진단하고 예측하기 위해 지구 시스템 모델*earth system model*이라는 도구를 이용한다. 이것이 앞서 얘기한 기후변화를 재현하거나 예측하는 컴퓨터 모델이다.

지구 시스템 모델은 지구라는 행성에 존재하는 모든 것, 즉 공기, 물, 나무, 흙, 인간 활동, 대기 흐름, 해류, 빙하 등을 물리적·화학적·역학적 법칙에 맞추어 수학식으로 표현한 것이다.

너무 복잡하여 손으로 풀 수 없어 컴퓨터의 도움을 받아야 계산할 수 있는 방정식들이다. 얼마나 복잡한지 예를 들면, 일반적인 지구 시스템 모델의 소스 코드를 인쇄하면 A4 용지 수십만 장이 필요하다. 대략 백과사전 수십 권에 해당하고, 중형 도서관의 한 벽면을 채울 정도의 분량이다. 이 모델이 지구를 완벽하게 재현하는 것도 아닌데 이렇게 분량이 많다는 것은 기후변화를 유발하는 지구 시스템이 얼마나 복잡한지를 보여주는 반증이다.

기후과학자는 이러한 방정식들로 구성된 지구 시스템 모델로 기후 시스템의 변화를 실험할 수 있다. 메타버스 게임처럼 컴퓨터라는 가상 공간 안에 지구를 만들어놓고 다양하게 실험한다.

여러 실험을 통해 지금 우리가 겪고 있는 기후변화의 원인을 밝힐 수 있었다. 온실가스, 에어로졸, 토지 이용, 그리고 일부 자연 변동의 영향 등으로 기후변화가 발생한다는 것을 알게 되었다. 특히 여러 요인 가운데 대기 중 온실가스 증가가 기후변화의 가장 중요한 원인이라는 사실도 지구 시스템 모델로 검증했다.

이러한 사실을 통해 다가올 미래의 기후변화도 예측할 수 있다. 주요 원인을 찾았기 때문에 앞으로 이 원인 요소들이 어떻게 변할지 알면 기후변화의 향방을 예측할 수 있다.

2047년으로 내달린 서울

기후과학자들은 미래 기후변화 양상을 예측하여 '2030년에는 온도가 얼마나 올라가지?', '2040년에는 한국에 비가 많이 올까?', '앞으로 여름에 태풍이 강해지는 걸까?', '30년이 지나면 한국의 기후가 동남아처럼 바뀐다는데 사실일까?' 등과 같은 질문의 답을 찾기 위해 탄소 배출에 대한 다양한 시나리오를 쓰기 시작했다. 기후변화의 양상은 인간의 인위적 탄소 배출에 따라 결정되기 때문에 '앞으로 인류가 얼마나 많은 탄소를 배출할까'에 대한 시나리오를 쓰는 것이다.

여기서 시나리오는 말 그대로 영화나 드라마처럼 어떤 사건에서 일어날 수 있는 가상의 결과나 그 과정들에 관한 이야기를 뜻한다. 하지만 누구나 쓸 수 있는 것이 아니라 탄소와 관련한 많은 분야의 학자들이 모여 세계적으로 통용되는 하나의 시나리오를 만든다. 그것이 공통사회경제경로 SSPs, *shared socioeconomic pathways* 시나리오다.

SSPs 시나리오는 재생에너지 사용 및 친환경 정책으로 기후변화를 완화하는 것부터 무분별한 화석연료 사용으로 온실가스 농도가 마구 높아지는 최악의 기후변화 등 탄소 배출량이 5가지로 다른 시나리오로 구성된다.

5개의 탄소 배출량을 가상의 지구 시스템 모델에 입력하고 슈퍼컴퓨터로 계산하면 지금부터 2100년까지 지구에 무슨 일이 벌어질지 알 수 있다.

모두가 예상할 수 있듯이 많은 탄소를 배출하면 먼저 대기 중 이산화탄소 농도가 높아지고 그다음 기온이 올라간다. 이미 많은 독자가 뉴스에서 봤을 것이다. 가로 방향으로 2100년까지 시간이 흐르면 세로 방향으로 온도가 우상향하는 그림을. 이 간단한 그림은 지금까지 언급한 복잡한 일련의 과정을 통해 나타난 값이다.

그렇다면 지구의 기후 시스템을 진단하고 예측하는 지구 시스템 모델이 알려주는 지금은 과연 몇 년일까? 지구 시스템 모델에 나타나는 2025년의 대기 중 이산화탄소 농도는 약 420ppm이다.

겨울철 약 420ppm 정도의 대기 중 농도는 우리나라 강원도 평창에서 측정되는 값과 유사하다. 반면 같은 기간 서울 도심 같은 곳은 500ppm 정도로 평창보다 80ppm 가까이 큰 값을 보인다. 기후변화 시나리오에서 보면 500ppm은 2047년 정도의 대기 중 이산화탄소 농도다. 지구상에서 가장 농도가 낮은 하와이 마우나로아섬도 이제 막 420ppm을 돌파했다.

지구 시스템 모델이 예측하는 2025년의 대기 중 이산화탄소 농도가 나타나는 곳은 지구상에서 가장 깨끗하다고 알려진 하와이, 그리고 우리나라 평창 같은 곳이다. 반면 지금 내가 이 글을 쓰고 있는 서울은 23년을 앞서가 2047년에 살고 있다.

완벽하게 정확한 계산은 아니지만, 기후의 미래는 대기 중 이산화탄소의 양에 따라 결정되기 때문에 틀린 것은 아니다. 이러한 탄소의 시차는 우리에게 중요한 메시지를 남긴다. 2025년에 어울리는 탄소를 가진 평창과 그보다 먼 미래에 사는 서울을 비교해보라.

서울은 분명히 평창보다 나은 문명의 이기를 누리며 수많은 혜택을 보고 있다. 해가 저물고 어둠이 깔리면 평창은 칠흑 같은 어둠에 잠겨 한 치 앞을 내다볼 수 없다. 반면 서울은 어떤가. 한 마디로 Never sleep city! 잠들지 않는 도시다. 어둠이 밀려와도 막대한 에너지를 이용하여 가냘픈 달빛을 조롱하듯 강력한 인공 빛을 뿜어내기 때문이다. 어둠 따위는 문제가 되지 않는 도시다. 더 많은 사람, 더 많은 자동차, 더 많은 폐기물, 더 많은 건물,

더 많은 에너지 사용으로 더 많은 탄소를 공기 중으로 뿜어내어 서울은 2047년으로 내달려버린 것이다.

그래서 지금 탄소의 시간을 바로잡아야 한다. 평창이나 하와이처럼 지구상 모든 곳의 탄소 시간을 2025년으로 맞추어야 한다. 지구상에서 가장 낮은 값으로 지구 전체가 일정해지면 된다. 서울만이 아니라 배출이 많이 일어나는 전 세계 대도시, 그리고 주요 공단 모든 곳은 더 이상 탄소를 배출하면 안 된다. 울산 화학 공단 등의 일반 대기는 이산화탄소 농도가 서울보다 훨씬 높다. 탄소의 나이로 보면 공단은 도시보다 먼 미래에 사는 것이다.

탄소의 시간으로 볼 때 인류가 하나의 시간을 공유하기 위해서는 도시, 공단 등 주요 배출원이 있는 지역에서 탄소 배출량을 줄여야 한다. 시간을 너무 앞서가버린 지역의 시간을 되돌려야 한다. 그러기 위해 가장 먼저 할 일은, 어떤 지역이 얼마나 다른 시간에 살고 있는지 정확히 파악하는 것이다.

그러나 아직은 국가의 인프라가 부족한 것 같다. 탄소의 시간을 파악할 수 있는 과학적인 모니터링 체계가 구축된다면 우리나라 방방곡곡의 시간 차이를 확인할 수 있을 것이다. 그래서 결국 모두가 같은 시간을 살아갈 때 기후변화 문제를 해결할 실마리를 찾을 것이다.

기후위기 피해는
공평하지 않다

기후위기가 심각해지면서 많은 사람이 하는 질문 중 하나가 "이상기후는 예전부터 있었는데 피해가 왜 이렇게 커진 건가요?"이다. 폭염, 폭설, 폭우 등 같은 이상기후가 유발하는 기후재난 피해가 왜 과거보다 커지는지 궁금한 것이다.

    답은 간단하다. 이상기후의 강도가 강해지고 빈도가 더 빈번해졌기 때문이다. 게다가 언제 어디서 어떤 이상기후가 발생할지 사전에 정확히 예측하기 어렵기 때문에 피해가 커진다.

    또한 우리의 정주 공간이 피해를 더 크게 입을 수 있는 구조로 변했기 때문이다. 도시화로 인한 인구 밀집, 해안가나 산악지대 등 취약 지역으로 확장된 거주지, 노후화된 사회 인프라 등은 과거와 같은 이상기후에도 더 큰 피해가 발생하기 좋은 조건을 만들었다. 때리는 사람의 주먹이 강해지고 맞는 사람의 맷집은 약해진 것이다.

기후 불평등의 어두운 현실

기후변화가 지속된다면 2050년까지 경제 피해는 약 38조 달러(약 5경 3,000조 원)에 이르며, 이 액수는 전 세계 GDP의 약 19% 감소치에 해당할 것으로 추정된다. 피해 원인은 사회 인프라 손상, 노동력 감소, 생태계 파괴, 농업 생산성 저하 등이다.

경제적 피해도 무시무시하지만, 더 주목해야 할 것은 기후변화 피해의 불균형이다. 한 지역 또는 국가에서, 아니면 더 크게 지구 전체로 봐도 기후변화는 해당 지역 사람들과 생명체에게 똑같은 피해를 끼치지 않는다. 인간보다는 동물이 더 큰 피해를 볼 수 있고, 또는 인간이 더 큰 피해를 볼 수 있다. 인간 사회에서도 누군가는 더 큰 피해를 보고, 국가 간에도 어떤 국가는 더 큰 피해를 볼 수 있다. 기후변화가 유발한 기후 불평등의 한 단면이다.

여름이 오고 폭염주의보나 경보가 뜨면 뉴스에서는 앞다투어 쪽방촌을 등장시키곤 한다. 쪽방은 평균 1평 남짓한 공간으로 창문이 없거나 통풍이 되지 않아 실내 온도가 외부 온도보다 높게 유지된다. 그래서 폭염이 발생하면 상상하기 힘들 정도의 온도를 경험하게 된다. 쪽방촌 거주민을 포함한 사회 저소득층은 더위에 취약한 주거환경, 선풍기나 에어컨 같은 냉방기기 부족 때문에 찜통 같은 여름을 보낼 수밖에 없는 경우가 많다. 에어컨이 설치되어 있더라도 전기 요금 부담 때문에 사용을 꺼리는 경우도 많다. 이러한 경제적 취약성으로 인해 온열질환이 늘고 인체 피해로 이어지기도 한다.

더욱 안타까운 건 이렇게 피해 보는 사람들이 있는 반면 아무 일 없다는 듯이 더위를 피하는 사람들도 있다는 것이다. 누구도 살고 싶어 하지 않는 쪽방촌의 사람들은 선풍기 하나로 더위를 견디지만, 몇 발자국 떨어진 고층 건물 쇼핑센터에서는 여름임에도 긴소매 옷을 입어야 할 정도의 추위를 경험한다. 막대한 자본을 앞세운 사회 부류는 어떤 더위가 닥쳐도 문제없다는 듯이 냉방기기를 작동한다. 이러한 에너지 사용이 기후변화를 더 가속화시키는 온실가스 배출로 이어진다.

누군가는 기후변화 피해 없이 에너지를 더 사용하고 누군가는 사용할 에너지가 없어 피해를 입으며 앞으로도 더 큰 피해에 노출된다. 공평하지 않은 기후위기의 참모습이다.

떠도는 기후난민

기후 불평등은 도시를 넘어 국가 간에도 매우 뚜렷하게 나타나고 있다. 그동안 막대한 온실가스를 배출하여 기후위기를 촉발한 미국, 유럽, 중국, 일본 등에 비하면 상대적으로 적게 배출한 아시아, 아프리카, 태평양 도서국가의 피해가 더 크다.

예를 들어 아프리카 소말리아는 반복되는 홍수와 가뭄으로 이미 내전 때문에 취약해진 국가 안전에 위협이 되는 인도주의적 재난이 가중되고 있다. 수단의 다르푸르 분쟁은 기후변화가 촉발한 최초의 분쟁이라고 불릴 정도로 막대한 사회경제적 피해를 끼쳤다. 태평양 소국 키리바시는 지구온난화로 인한 해수면 상승으로 국토 자체가 사라질 위기에 직면하여 생존권이 박탈되고 있다. 국민 전체의 이주를 논의해야 하는 심각한 상황이다. 방글라데시는 해수면 상승과 심각한 집중호우로 저지대에 거주하는 수백만 명이 난민이 되었다. 2024년 브라질도 극심한 홍수로 인해 수십만 명이 이주를 강요받았으며, 일부 지역은 완전히 재정착이 불가능한 상태이다.

이렇듯 기후변화로 삶의 터전을 잃고 난민이 된 사람들을 기후난민이라고 한다. 많은 미래 전문가가 앞으로 2050년까지 기후변화로 최대 12억 명이 기후난민이 되어 떠돌 것이라는 무시무시한 경고를 하고 있다.

　기후난민 문제는 나아가 기후분쟁으로 이어질 수도 있기 때문에 방치해서는 안 되는 심각한 문제다. 이 문제를 해결하기 위해서는 국가 간의 긴밀한 협력이 반드시 필요하다.

　특히 현재 국제법상 '기후난민'에 대한 명확한 정의가 없어 기후변화로 난민이 된 사람들이 적절한 보호를 받지 못하고 있기에, 기후변화에 취약한 국가들을 지원하기 위한 국제적 재정 지원과 기후적응 기술 이전이 시급하다. 협력과 지원을 위해서는 단기적 해결책을 찾기보다는 장기적 안목으로 근본적인 해결 방안을 찾아야 할 것이다.

　기후분쟁에서 추가로 알아둘 것이 있다. 기후 불평등이나 기후난민 이슈가 아니더라도 기후변화가 유발한 생태계 변화가 전쟁을 촉발할 수도 있다는 무서운 사실이다.

　인도와 파키스탄은 역사적으로도 오랜 갈등을 겪고 있지만 최근 두 국가 사이에 새로운 갈등 요인이 대두했다. 온난화로 인한 히말라야산맥 적설량 감소다. 히말라야는 인도 갠지스강의 발원지이기에 이곳의 적설량 감소는 갠지스강 유량을 불안정하게 만들고 있다. 처음 눈이 녹으면 수량이 늘어나지만, 적설량이 감소하면 궁극적으로 수자원 발원지가 마르기에 차츰 물이 줄어들 수 있기 때문이다.

이러한 수자원 변화는 인도와 파키스탄의 긴장을 심화시키는 촉매 역할을 한다. 두 국가는 인더스강 유역을 공유하고 있어, 물이 단순한 자원이 아니라 생존, 경제, 안보의 핵심 요소다.

현재, 그리고 앞으로 진행될 기후변화는 인도와 파키스탄처럼 자연자원을 공유하는 국가들 사이의 민감한 분쟁 요인이 될 것이다. 따라서 이러한 문제에도 국제사회가 공동 노력을 기울일 필요가 있다.

기후변화

시계를

멈추려면

아이들은 우리가 남긴 세상에서
살아야 한다

앞서 살펴봤듯이 기후위기로 인한 피해는 상상을 초월할 정도로 커지고 있다. 이미 폭염, 한파, 가뭄, 홍수, 산불 등 다양한 형태로 심각성을 체감하고 있고, 인명 피해를 넘어 생태계 붕괴, 경제적 손실, 사회 불안정으로까지 확산하고 있다.

그리고 우리는 앞으로 이러한 기후재난이 더욱 강하고 빈번하게 일어나리라는 것을 예상할 수 있다. 그저 한 지역의 문제가 아니라 전 세계가 동시에 직면한 위기이기 때문에 인류의 공동 대응이 절실히 필요하다.

우리의 선택을 짊어질 아이들의 권리

그렇게 위험한 길을 아무런 반성 없이 그대로 걸어가면 될까. 과거의 관성을 답습하며 변화를 외면한 채 지금 같은 삶의 방식을 고수해야 할까. 세대를 초월해 공유하고 있는 지구, 곧 우리 삶의 터전이 이대로 무너지도록 내버려둘 것인가. 그것은 우리 자신의 안위를 위협할 뿐만 아니라, 앞으로 살아가야 할 수많은 사람의 삶까지 송두리째 위협하는 일이다.

우리의 아이들, 그리고 그들의 자녀들인 미래 세대의 존재를 잊어서는 안 된다. 아직 목소리를 낼 수 없지만, 이들은 우리가 남긴 선택의 결과를 가장 오래, 가장 깊이 짊어질 주체들이다.

세계은행 보고서에 따르면 2024년의 10세 아동은 1970년대 10세 아동에 비해 3배 이상의 홍수와 5배 이상의 가뭄, 그리고 36배 이상의 폭염을 겪었다. 안타깝게도 지금 태어난 아이가 10세 아동이 되는 2030년 이후에는 이러한 경향성이 더 강해질 것이다. 기후위기는 아이들에게 더욱 혹독한 시련을 안기고 있다.

분명 지금의 아동이 경험하는 기후환경은 내가 어렸을 때와는 다르다. 내가 어릴 때 사실이 아닌 것들이 지금은 사실이 되는 세상에 살고 있기에, 나 같은 기성 세대는 과거 경험으로 기후변화를 판단하면 안 된다. 우리 속담에 이런 말이 있다. "가을비는 빗자루로도 피한다." "가을비는 수염 아래서도 피한다." 가을에는 비가 적기에 빗자루나 수염으로도 피할 수 있다는 말이다.

하지만 2024년 가을 우리는 엄청난 비를 맞이했다. 제주에는 200년 만의 가을 폭우가 내렸고, 저 멀리 유럽 스페인에서는 집중호우로 수백 명의 사망자가 발생했다. 이렇듯 세상이 변했기에 자신의 어린 시절 아름다운 추억으로 세상을 만만하게 판단해서는 안 된다. 그래서 미래를 이끌어갈 아이들에게 기후위기가 어떤 영향을 끼칠지 정확히 판단할 필요가 있다.

유엔 아동권리협약에 규정된 아이들의 4대 권리인 생존권, 발달권, 보호권, 참여권을 중심으로, 기후위기가 아이들에게 어떤 영향을 미치는지 살펴보자.

생존권이란 건강한 음식을 먹고, 안전한 집에서 생활하며, 아플 때 치료받아야 한다는 권리다. 앞으로 기후변화로 인한 폭염, 집중호우, 가뭄, 산불 등으로 식량 생산량이 감소할 수 있다. 그로 인한 식자재 가격 상승은 기후 불평등을 야기하여 빈곤층이나 빈곤 국가 어린이의 생존을 위협할 수 있다.

뿐만 아니라 기후변화 때문에 재배지가 변화하면 고유 먹거리가 사라지면서 영양소가 고르게 포함된 식단을 구성하기 어려워짐에 따라 아동의 영양 불균형을 초래할 가능성이 커진다. 누군가는 영양 보충을 위해 건강보조제를 먹으면 된다고 할 수 있지만, 이 또한 경제적 여건이 갖추어져야 하기에 당연한 권리를 지켜줄 대안은 되지 못한다.

발달권이란 아동은 교육받고, 여가와 놀이를 즐기며, 충분히 휴식할 수 있어야 한다는 권리다. 불과 몇 년 전 우리는 코로나19라는 엄청난 전염병으로 인한 펜데믹을 경험했다. 많은 사람이 기억하겠지만, 전염병은 학생들의 정상적인 등교를 불가능하게 만들어 교육의 질적 저하를 유발했다.

사회적 단절은 온라인 교육이라는 대안으로 해결되는 듯 보였지만, 교육 수준이 낮아지고 아동의 지적 발달 및 사회성 향상에 악영향을 끼친 것은 분명한 사실이다. 예를 들어 미국 공립학교 수업이 원격으로 전환되었지만 저소득 가정의 학생들은 인터넷 접속이나 학습 기기 부족 등의 문제로 수업에 참여하지 못하는 어려움을 겪었다. 또한 또래 친구들과 어울리는 기회가 줄어들면서 사회성 발달에도 부정적인 영향을 받았다는 연구 결과가 보고되기도 했다.

그런데 기후변화는 현재 전염병을 확산하는 주요인으로 작용하고 있다. 이전에는 서식이 힘들다고 알려졌던 전염병 유발 매개체인 모기나 진드기가 번성하고 있다. 뿐만 아니라 기후변화로 극심한 홍수와 가뭄이 더 자주 발생하면서, 식수 오염 같은 위생 문제 때문에 콜레라와 장티푸스 같은 수인성 전염병이 확산할 것으로 전망된다. 실제 전염병 같은 이차 피해가 아니더라도 극심한 폭염과 빈번한 열대야에서는 아이들의 교육이나 체력 향상을 위한 외부 활동이 줄어 정상적인 신체 발달에 부정적인 영향을 끼칠 수밖에 없다.

보호권이란 아동은 폭력, 학대, 착취 등 위험한 환경으로부터 안전하게 보호받아야 한다는 권리다. 2022년 강원도 영동 지역에서 역사에 남을 큰불이 났다. 불길은 일주일 동안 영동 지역을 삼킬 듯이 번지다가 비가 내리면서 막을 내렸다. 엄청난 화력 때문에 인간의 노력만으로는 끌 수 없었고, 겨우 비가 내려서 진화할 수 있었다. 그런데 한국뿐만 아니라 미국, 오스트레일리아, 캐나다, 스페인 등 많은 지역에서 지금도 강력한 산불이 발생하고 있다. 인간이 통제할 수 없는 수준의 산불은 더욱 강해질 것이며, 발생 빈도 또한 증가할 것이다.

여기서 주목할 점이 있다. 2022년 강원도에 산불이 났을 때 눈에 띄는 기사가 신문에 난 적이 있다. 산불 피해 아동 170여 명이 트라우마를 호소하고 있으며, 심리 지원이 절실하다는 것이었다! 기후변화로 인한 산불이 자신의 삶을 앗아갈지 모른다는 두려움이 아이들을 덮친 것이다. 이러한 트라우마는 비단 한국 아동만의 일은 아닐 것이다. 지금도 지구 어딘가에서 진행 중인 기후변화의 직접적 또는 2차 피해로 인해 많은 아이가 공포에 휩싸여 있을 수 있다.

참여권이란 아동은 자신과 관련된 일에 참여하고, 의견을 말하며, 그 의견을 존중받아야 한다는 권리다. 아동 권리 실현을 위해 활동하는 국제구호개발 NGO 세이브더칠드런의 2022년 조사(대상자 660명)에 따르면 아동과 청소년의 약 85.4%가 기후위기를 심각하게 받아들이고 있으나, 이 문제를 잘 알고 있는지에 대해서는 약 43.3%가 '보통'이라고 응답했다. 약 62.1%가 2021년 기후위기 교육에 6시간 미만을 소요했으며, 약 43.7%가 학교에서 기후위기 관련 활동을 한다면 참여하고 싶다고 응답했다.

설문 조사 결과를 종합하면 기후위기에 대한 아동의 수요 대비 공급이 부족하다고 할 수 있다. 나 같은 어른들, 즉 기성 세대가 많이 부족했다는 증거다. 그나마 다행인 점은 그래도 많은 아이가 관심을 갖고 있고 기후위기에 대해 더 배우고 싶어 한다는 점이다. 이러한 수요에 맞게 얼마나 양질의 교육을 제공할 수 있을지 고민할 상황이다.

아이들에게 물려줘야 할 유산

아동의 4대 권리를 기준으로 볼 때 기후위기는 아이들의 권리를 침해하고 있는 듯하다. 나는 판사가 아니기에 함부로 말할 일은 아니지만, 현재 목도한 사실만 놓고 보면 그렇다. 감정적 판단이 아니라 과학적이고 객관적으로 검토해도 그렇다.

상황이 이렇다면 앞으로 기후위기에 대응하기 위한 노력은, 아이들이 누려야 할 기본적 권리를 보장받을 수 있는 미래를 만든다고 생각하면 좋을 것 같다. 기후위기 대응이라는 표현이 막연해 보인다면, '아이들의 내일을 위해 좀 더 살기 좋은 세상으로 만들자'라는 표현이 더 설득력 있지 않을까.

이 말은 나에게도 해당한다. 어느덧 나는 사회에서 기성 세대, 교수, 정부위원회 위원, 과학자 등의 타이틀을 달고 기후위기 대응이라는 여러 정책 개발과 연구에 참여하고 있다. 나 스스로도 내 아이를 위한 미래를 만들어간다고 생각하면 기존 활동에 더 적극적으로 참여할 수 있을 것 같다.

우리가 아이들에게 물려줘야 할 가장 중요한 유산은 아름다운 사계절이 있는 한국의 자연환경과 온화한 날씨다. 11월이 지나도 단풍이 보이지 않는 나무는 우리에게 어울리지 않는다. 지금이라도 아이들의 미래를 생각한다면 그들이 어른이 되었을 때도 아름다운 단풍을 볼 수 있는 기후를 남겨주어야 한다.

극한기후시대를 건너려면
새로운 문화가 필요하다

현재 기후위기에 대응하기 위해 전 세계에서 펼치는 다양한 움직임은 과거처럼 막연한 이념적 차원에서 "온실가스를 줄이자", "환경을 보호하자"라는 정도의 호소에 머물지 않는다. 국가와 국제사회가 법적, 제도적으로 강력히 대응해야 한다는 책임을 인식하고 구체적 조치를 취하려 하고 있다. 각국이 법률을 제정하고 강제력 있는 규제를 도입하여 기후정책을 강화하고 있으며, 한국도 예외는 아니다.

우리나라는 탄소중립·녹색성장 기본법(이하 탄소중립기본법)을 제정함으로써 기후위기에 적극 대응하려는 의지를 천명하고 실천의 발판을 마련하고자 했다.

헌법재판소의 경고 메시지

그러나 이러한 제도적 대응으론 충분하지 않다는 지적이 제기되어왔고, 헌법재판소가 더 분명한 메시지를 던졌다. 2023년 8월 29일, 헌법재판소는 탄소중립기본법 제8조 제1항에 대해 헌법불합치 결정을 선고했다. 해당 조항은 2031년부터 2049년까지의 온실가스 감축 목표에 대해 정량적 수준을 명시하지 않았는데, 헌재는 이것이 헌법상 국민의 생명권과 환경권, 그리고 기후정의 원칙에 부합하지 않는다고 판단했다. 동시에 이 조항은 2026년 2월 28일까지는 계속 적용되며, 그 시한 내에 개정되어야 한다고 판시하였다.

기후위기에 대한 국가의 법적·도덕적 책임을 보다 명확히 한 판결이자, 단기적 대응에 그치지 않고 지속적이고 일관된 장기적 목표 설정이 필요하다는 강력한 경고였다.

기후위기는 학술적 개념이나 미래의 가능성이 아니라 현재진행형의 위협으로 삶에 직접적인 영향을 미치고 있다. 이러한 현실에서 헌법재판소가 내린 결정은 단지 한 국가의 사법 판단을 넘어서, 기후위기를 온몸으로 체감하는 인류 모두에게 깊은 울림을 주는 메시지다. 한국 헌재는 법의 언어로 기후위기 대응의 진정성과 지속성을 요구했고, 이는 모두가 귀 기울여야 할 경고이자 과제다. 기후위기에 맞서는 것은 선택의 문제가 아니라, 생존과 미래 세대의 권리를 지키기 위한 시대적 사명이라는 사실을 다시금 일깨우는 결정이었다.

헌재의 판결이 주는 시사점은 우리가 세운 기후정책의 방향을 바꾸어야 한다는 것이다. 물론 지금 바로 탄소중립기본법에 근거한 모든 정책을 바꿔야 하는 것은 아니다. 헌재가 지적한 부족하거나 모자란 부분을 찾아서 메워야 한다. 특정 이상기후의 영향으로 사고가 발생한 이후에 무엇이 문제인지 찾아서 정책을 수립하는 것이 아니라, 미래에 피해가 발생하지 않게 대비할 수 있도록 정책을 수립해야 한다는 것이다.

흥미로운 점은 헌재의 판단이 내려진 시점은 미국과 유럽 등 여러 국가에서도 다양한 기후변화 대응 관련 규제를 발표하고 시행한 시기라는 점이다. 탄소중립기본법이 만들어졌던 시기에 비해 훨씬 강력한 국제사회의 기후변화 대응 관련 규범이 작동하고 있다. 이러한 국내외 정황을 고려하면 좀 더 구체적이고 객관적이며 투명한 온실가스 배출량 감축 목표와 방법을 수립해야 한다.

무엇을 할 것인가

그렇다면 우리는 무엇을 어떻게 해야 하는가. 사실 나도 정답을 아는 것은 아니다. 하지만 분명한 것은 과학적, 객관적으로 온실가스를 감축하고(기후변화 완화) 진행 중인 피해를 줄이기 위한 노력(기후변화 적응)을 해야 한다는 점이다.

과학적으로 판단하면, 기후가 바뀌는 이유는 인간 활동, 즉 인간 삶의 방식이 변했고 계속 변해가기 때문이다. 그렇다면 인간이 자연을 어떻게 이용하고 그로 인해 어떤 변화가 나타났는지를 파악하는 것이 기후변화의 핵심이다. 바로 문화를 이해하는 것이다.

갑자기 왜 문화를 얘기하는지 의아해할지 모르겠다. 하지만 문화의 정의를 살펴보면 공감할 것이다. 문화에 대한 정의는 관점에 따라 다를 수 있지만, 보편적으로 한 사회의 개인이나 집단이 자연을 변화시켜온 물질적·정신적 과정의 산물이다. 특히 서양에서는 문화*culture*란 단어가 인간에 의한 경작, 재배라는 단어에서 유래했다고 한다. 문화는 본질적으로 인간 삶의 방식이 변함에 따라 나타난 결과라는 점에서 기후변화의 원인과 맥락을 같이한다.

인류 문명이 발달하고 사회가 성장하면서 막대한 온실가스를 배출한 것이 기후변화의 원인이란 것은 이제 누구도 부정하지 못한다. 따라서 기후변화를 해결하기 위해서는 문명이 발달하게 해준 문화의 구성 요소인 정치, 경제, 법, 제도, 도덕, 과학, 종교, 문학, 예술, 기술 등 인간 생활 양식의 변화가 필요하다. 우리가 의도했든 안 했든 이 모든 분야의 성장이 어우러져 만들어낸 결과가 기후변화이기 때문이다.

물론 단순히 온실가스 배출량만 보면 화석연료 사용과 관련한 에너지 분야가 제일 큰 문제라고 반문할 수 있겠지만, 더 근본적으로 '우리가 왜 이런 행위를 해왔을까'라는 질문의 답을 생각해보면 우리가 속한 사회의 문화에서 주요 요소를 찾아야 한다. 정말 실효성 있는 기후변화 대응을 위해서는 문화부터 바꾸어야 한다. 간단히 일부를 수정하는 것이 아니라 선명한 변화를 위해 문화혁명이 이루어져야 한다. 그렇지 않으면 인간은 기후를 되돌릴 수 없다.

한 사회의 문화를 바꾸기 위해서는 문화를 구성하는 모든 분야의 공감과 이해 그리고 합의가 필요할 것이다. 무조건 기후변화가 중요하다고 강요할 것이 아니라, 더 나은 미래를 위해 각자의 분야에서 무엇을 할 수 있을지에 대한 논의가 필요하다. 지금 우리 집이 물에 잠기고 있으니 각자 할 수 있는 만큼 열심히 물을 퍼내자고 생각해봐도 좋을 것 같다. 법에서 부족한 부분을 제시했으니 과학은 미래에 우리에게 필요한 지식을 탐구하고, 기술은 그 지식을 활용하여 실제 온실가스 배출을 줄일 수 있는 방법을 찾으며, 경제는 이러한 기술이 잘 성장할 수 있게 지원해야 할 것이다.

지금 당장 큰 피해가 발생하는 부분에 대한 지원도 필요할 것이다. 교육이 사회 구성원의 이해를 증진하며, 예술은 어두운 현실보다는 밝은 미래를 투영하여 모두에게 희망의 메시지를 전달하면 좋을 것이다. 이렇게 된다면 한 사회의 문화는 기후변화를 우리가 원하지 않는 방향이 아니라 원하는 방향으로 다시 바꿀 수도 있을 것이다.

사회 문화를 바꿔야 하는 이유

물론 우리가 살아온 삶의 양식을 바꾸기가 그렇게 쉽지는 않을 것이다. 나도 어릴 적 부모님이 혼내셨던 나쁜 습관을 아직도 지니고 있으니 말이다. 특히 여러 분야의 다양한 사람들을 이해시키는 일은 정말 쉽지 않을 것이다. 삶의 방식을 바꾸는 과정에서 누군가는 기회를 얻겠지만 누군가는 손해를 볼 수 있다.

하지만 수익의 불평등보다 기후변화가 가져올 기후 불평등을 해소하는 일은 더 어려울 수밖에 없다는 점을 명심해야 한다. 역사를 돌아보면 세계대전이라는 무자비한 전쟁이 수천만 명의 목숨을 앗아갔지만 인류는 무너지지 않았다. 하지만 급격한 기후변화가 유발한 기후 불평등은 하나의 문명을 없애버릴 정도의 위력을 과시했다는 점을 잊어서는 안 된다.

기후변화 문제를 해결하려면 한 사회집단의 삶의 양식을 결정하는 모든 분야가 전환되어 궁극적으로 그 사회 고유의 문화가 바뀌어야 한다. 역사에는 세상을 바꾼 많은 혁명이 일어났다. 지금 지구의 모든 인류를 위해 가장 필요한 것은 문화혁명이다.

한국의 문화혁명이 한국을 넘어 지구의 미래를 바꿀 수 있도록 우리 모두가 동참해야 한다. 어차피 가야 할 길이라면 한국이 먼저 가면 좋지 않겠는가. 한국은 이제 그 정도의 국격을 가진 나라다. 2100년 세계인의 교과서에 이런 말이 실리면 좋겠다. 2025년 한국에서 시작된 문화혁명이 전 지구 기후변화 문제를 해결하는 계기가 되었고, 그래서 인류는 2100년에도 아름다운 행성 지구에 거주할 수 있다고.

기후변화는 먼 미래가 아닌 현재의 위협이다

지금까지 인류가 기후변화를 방치한 이유는 무엇일까. 단순하지 않지만, 문제를 일으키는 집단과 피해를 보는 집단 사이의 불균형이 뚜렷하다는 점이 핵심 원인일 수 있다. 즉, 막대한 온실가스를 배출해온 산업 선진국들과 대기업들은 성장하고 수익을 창출하는 과정에서 이익을 얻었지만, 정작 가장 큰 피해는 이산화탄소 배출과는 거의 무관한 저소득국가나 사회적 약자에게 집중되고 있다. 이런 구조적 불평등은 기후위기 대응을 더디게 만들었고, 그로 인해 오랫동안 적극적 행동이 이루어지지 않은 듯하다.

살아 숨쉬는 위험 요소

'당장 내가 탄소를 줄이지 않아도 특별한 피해를 입지는 않을 것'이라는 인식 혹은 선입견이 많은 사람에게 깊이 자리 잡고 있는 것 같다. 기후변화를 현실적이고 실존적인 위협이라기보다 언젠가 닥칠지도 모를 '미래의' 위험, 즉 잠재적 위험 요소로 인식하는 것이다. 이런 인식은 대응을 미루는 구실이 되었고, 결과적으로 방관을 정당화해버렸다. 하지만 최근 인류가 겪고 있는 기후변화의 영향을 보면 단지 가능성에 불과한 '잠재적' 요인이 아니라는 사실을 누구도 부정할 수 없다.

따라서 이제는 온실가스 특히 이산화탄소를 온실효과를 유발하는 기존 기체가 아니라 강력하고 실존적인 오염물질로 인식할 때다. '오염물질'이라는 말은 단지 보기 싫은 쓰레기나 악취 나는 물질에만 해당되지 않는다.

지구는 점점 뜨거워지고 있으며, 이로 인해 육지와 해양 생태계 전체가 고통받고 있다. 북극과 남극의 빙하가 빠르게 녹아 해수면이 상승하고, 해안 도시들이 침수 위협에 시달리는가 하면, 꺼지지 않는 초대형 산불은 숲만 태우는 것이 아니라 대기질을 악화시키고 사람들의 폐 건강까지 위협하고 있다. 게다가 기후변화로 강해진 산불은 구름을 만들어 비를 뿌리고 오히려 홍수를 유발하는 기현상을 일으킬 정도다. LA 산불 이후 나타난 폭우가 바로 이런 경우다.

뿐만 아니라 대기 중 농도가 높아진 이산화탄소는 해양으로 흡수되며 바닷물을 산성화시키고, 해양 생물들의 생존 자체를 위협한다. 이 정도면 온실가스가 인간의 건강과 생존에 실질적인 해를 끼치는 물질이 확실하다.

전통적으로 알려진 대기오염, 수질오염, 토양오염은 대개 특정 지역에서 발생하고 그 지역 주민들에게 영향을 준다고 여겨졌다. 하지만 이산화탄소로 인한 오염은 국경을 넘고, 시간이 흐를수록 광범위하게 확산되며, 단순히 한 지역의 문제가 아니라 전 지구적 위기로 자리 잡고 있다.

따라서 이 물질이 고전적 의미의 오염물질과 다르다고 해서 그것이 '오염이 아니다'라고 할 수는 없다. 당장 피부로 체감하지 못하고, 내년에 피해가 본격화된다고 해서 그것이 오염원이 아니라는 주장은 더 이상 설득력이 없다. 이제 분명하게 선언해야 한다. 대기 중에 축적된 이산화탄소는 단순한 온실가스가 아니라 인류의 생존과 지구 생태계를 위협하는 강력한 오염물질로, 현대 문명에 새롭게 등장한 실질적인 재난 요소다.

날씨와 기후도 복지다

여기서 미국의 역사적 환경정책 하나를 주목할 필요가 있다. 미국 최초이자 가장 영향력 있는 현대 환경법 중 하나인 청정대기법 *Clean Air Act* 제202a절이 온실가스를 오염물질로 규정했기 때문이다.

한국 환경부와 같은 미국 환경보호국 *EPA, Environmental Protection Agency*이 처음부터 온실가스를 다른 대기오염물질과 같은 피해 유발 물질로 인식한 것은 아니다.

지금으로부터 약 60년 전 미국 36대 대통령 린든 존슨(재임 1963~1969)은 오염 피해가 발생하기 전에 대기오염 문제를 조사할 수 있도록 오염법을 개선해야 한다는 이유로 대기오염을 통제하기 위한 입법을 의회에 요청했다. 존슨의 요청 이후 1970년 리처드 닉슨 대통령이 서명함으로써 청정대기법이 세상에 등장했다. 그리고 1977년과 1990년 개정을 통해 현대 청정대기법은 "합리적으로 공중보건이나 복지를 위태롭게 할 것으로 예상하는 대기오염"을 규제할 수 있도록 권한을 부여하는 광범위하고 미래지향적인 언어를 포함하게 되었다.

이후 수십 년 동안 많은 과학자가 대기 중 온실가스 농도 증가에 따른 위험에 대한 과학적 증거를 쌓았다.

그런데 2003년 미국에서 흥미로운 일이 벌어졌다. 미국 EPA가 자동차에서 배출되는 온실가스 규제에 관한 청원을 거부하고, 이 가스들은 청정대기법에 따른 오염물질이 아니기 때문이라고 주장했다.

그러자 주 정부, 지방자치단체, 환경단체 등이 이의를 제기했고, 결국 2007년 매사추세츠 대 EPA 사건에 대한 대법원의 획기적인 판결을 통해 승소했다. 판결에서 대법원은 이산화탄소와 같은 온실가스를 청정대기법에 따른 규제 대상 대기오염물질로 간주했다. 청정대기법에서 '복지'는 광범위하게 날씨와 기후에 미치는 영향도 포함하는 것으로 정의한다고 언급했다.

2009년 EPA는 대법원 판결에 따라 기후변화의 과학적 증거를 철저히 조사했고, 수천 개의 공개 의견을 고려한 끝에 대기의 온실가스 축적이 공중보건 및 복지를 위협한다는 '위험 요소 발견 Endangerment Finding'을 발표했다. EPA는 모든 판단의 근거는 수십 년에 걸친 전문 심사 peer-review 연구를 통해 결론지은 압도적인 과학적 사실에 기반했다고 설명했다.

EPA가 제시한 과학적 기반은 모두가 놀랄 만한 대발견이 아니라, 우리가 지금 너무도 당연히 경험하는 것들이다. 온실가스 증가에 따른 기후변화가 유발하는 공중보건 효과는 직접적 기온 상승, 대기 질 영향, 극단적 이상기후, 질병 및 알레르기 영향

등에 관한 것이며, 환경 및 복지 효과는 식량 생산, 임업, 수산업, 에너지 취약성, 야생동물 피해 등이다.

또한 EPA는 2003년 문제의 시작이었던 자동차의 온실가스 배출이 대기 중 기후위험을 축적하는 데 이바지한다는 내용의 '원인 또는 기여 발견 Cause or Contribute'을 발표했다. EPA가 6년 만에 모든 것을 뒤집고 온실가스를 청정대기법에 근거한 오염물질로 명시하고, 강력한 규제의 시동을 걸기 시작했다. 미국 최고의 정부 기관이 스스로의 잘못된 판단을 바로잡은 것이다. 바로 과학의 힘으로.

2010년 EPA는 청정대기법 제 202절에 근거하여 자동차 온실가스 배출 기준을 작성하기 시작했다. 2015년에는 2009년의 '위험 요소 발견' 및 '원인 또는 기여 발견'을 인용하여 신규 및 기존 화석연료를 사용하는 화력발전소의 탄소 배출을 제한하는 표준을 발표했다. 2016년에는 새로운 석유와 가스 공급원의 메테인 배출을 규제하기 위한 기준을 발표하고, 항공기 엔진에서 배출되는 온실가스가 기후변화를 유발하는 오염원이라고 제시하였다.

이처럼 EPA는 2009년 노선을 변경한 이후 온실가스 규제 관리에 대한 제도를 급격히 개선했다. 앞으로도 연구 결과가 쌓이면 대기 중 온실가스 증가를 유발하는 더 많은 요인에 대한 규제 및 관리 방안이 등장할 것으로 기대된다.

　미국의 청정대기법 사례를 보면 이것이 바로 나아가야 할 방향이라는 확신이 든다. 청정대기법은 대기오염물질을 철저히 규제함으로써 국민의 건강과 환경을 지키는 데 기여해왔으며, 과학적 근거와 결단이 결합한 모범적인 사례다.

　그동안 온실가스를 대량 배출한 선진국들이 기후변화 때문에 개발도상국들이 입은 손실과 피해 일부를 보상하려는 움직임을 보이고는 있지만, 근본적 해결책이라기보다는 임시방편에 가깝다. 당장의 재정적 지원이 피해를 완화하는 데 도움이 될 수는 있겠지만, 그것은 지속가능한 길이 아님은 누구나 알고 있다.

　중요한 것 중 하나는 인간의 삶뿐 아니라 자연과 인간의 관계를 다시 성찰하는 일이다. 우리는 자연을 끊임없이 정복 대상으로 삼아왔고, 그 과정에서 성장이라는 이름으로 파괴를 정당화했다. 그러나 이제는 방향을 바꿔야 할 시점이다.

　온실가스를 더 이상 추상적 수치나 경제적 비용으로만 바라볼 것이 아니라, 심각한 오염물질로 인식하고 규제하는 철학적 전환이 필요하다. 모두의 복지와 안녕을 위해, 인간은 자연의 일부라는 인식 위에서 공존의 윤리를 다시 세워야 한다. 이것이 우리가 기후감수성을 가져야 하는 이유다.

문화유산을 지키면
기후 역사가 바뀐다

2023년 봄 세계적 명품 브랜드의 패션쇼가 경복궁 근정전 일대에서 열렸다. 세계 유행을 선도하는 명품 브랜드의 패션쇼가 한국의 중심인 서울 도심에서 열린 것도 대단한데, 더 놀라운 것은 런웨이가 궁궐이라는 점이었다. 역사 드라마 속 임금님과 신하들이 매일 같은 옷을 입고 있어서 유행이라고는 찾아볼 수 없었을 듯한 궁궐에서 패션쇼라니 재미있는 일이었다.

나는 패션에 민감한 편은 아니지만 이런 행사가 열렸다고 해서 호기심에 영상을 찾아보고 또 한 번 놀라지 않을 수 없었다. 화면을 밝히는 별은 런웨이를 걷는 모델이 아니라 궁궐 자체였다. 이 아름답고 웅장한 광경을 전 세계인이 봤을 것이라 생각하니 괜히 뿌듯했다. 외세의 침입과 전쟁으로 무너진 역사를 바로 세운 보람이 느껴지는 순간이었다.

우리가 역사를 지키는 일은 이 정도 가치로 끝나지 않는다. 당면한 문제인 기후위기로부터 우리를 구할 수도 있는 더 큰 의미를 품고 있다.

궁궐 도시숲이 환경에 미치는 영향

서울에는 5개의 궁이 있다. 경복궁, 덕수궁, 창덕궁, 창경궁, 경희궁이다. 궁궐들의 공통점은 넓은 녹지에 많은 생태자원이 있다는 것이다. 다양한 수종의 나무와 토양, 그리고 작은 연못을 포함한 도시숲이 있다.

궁궐 내 도시숲은 궁궐 시설의 경관을 아름답게 해주는 배경 역할만 하는 것이 아니라 다양한 환경적 기능을 한다. 즉, 서울이라는 거대 도시의 숨통을 틔우는 허파 역할을 할 수 있다. 도시숲은 서울의 건물, 자동차, 발전소 등에서 배출하는 막대한 온실가스를 흡수한다.

2년 전 개인적 호기심으로 연구실 학생들과 같이 서울의 궁궐 내 도시숲이 얼마나 탄소를 흡수할 수 있을지 계산한 적이 있다. 정확한 수치는 좀 더 면밀한 분석이 필요하지만, 경복궁, 덕수궁, 창덕궁, 창경궁과 종묘의 도시숲이 빨아들이는 탄소 흡수량은 1년에 약 150톤으로 추정되었다. 숲을 공유하고 있는 창경궁과 창덕궁은 1년에 약 103.2톤, 경복궁은 약 15.66톤, 덕수궁은 약 3.68톤, 그리고 종묘는 약 26.88톤이다. 모두 합하면 자동차에 넣는 가솔린 약 20만 리터를 태울 때 나오는 탄소의 양과 같다. 연비가 1리터당 16.25km인 가솔린 차량으로 서울에서 부산을 5,000번 왕복할 수 있는 양이다.

개인적 호기심에서 출발한 궁궐 도시숲의 탄소 흡수량 계산이었지만, 양이 작지 않아서 놀랐다. 그래서 좀 더 면밀히 분석하여 궁궐 도시숲의 탄소 흡수량을 연구할 필요성을 느끼고 있었다. 그러던 차에 반가운 소식이 들려왔다. 궁궐을 관리하는 문화재청(현 국가유산청)과 도시숲을 연구하는 산림청이 손잡고 궁능에 관한 도시숲을 연구하기로 한 것이다. 나는 탄소중립녹색성장위원회 위원으로 여러 일을 하면서 정부 부처가 손잡고 하나의 목표를 위해 협력한다는 것이 얼마나 어려운지를 뼈저리게 깨달았다. 문화재청과 산림청의 연구 협약은 놀라운 일이 아닐 수 없었다.

앞으로 두 정부 기관이 협력해 우리가 놓치고 있었던 새로운 탄소 흡수원을 발굴해낸다면, 마른 수건 짜듯이 한 방울의 탄소 흡수량이라도 모아 탄소중립으로 달려가야 하는 우리에게 큰 희망이 될 것이다.

새로운 탄소 흡수원이 아니더라도, 도시숲은 악기상(극한 기후 현상)으로부터 우리를 지켜주는 역할도 하고 있다. 예를 들면 여름 폭염 등이다. 무더운 여름날 뜨겁게 달궈진 도시의 궁궐 도시숲은 더위에 지친 시민들에게 그늘을 제공하는 피난처가 되어준다.

도시숲의 진짜 위력은 어둠이 밀려오면 더 강해진다. 흔히 도시열섬이라고 불리는 인공열의 효과는 낮보다 밤에 강해진다. 여름철 폭염이 오면 도심은 주변 지역에 비해 훨씬 강한 열대야를 경험한다. 여름날 저녁 궁궐 주변에 가면 조금 시원하다고 느낄 수 있다. 인공열이 가득한 도심은 공기가 뜨거워 상승하는 경향이 있지만 낮 동안 공기가 냉각된 궁궐 내 숲은 상대적으로 차갑고 무거운 공기가 가라앉는 경향을 보인다. 그래서 달구어진 공기가 빠져나간 도심 공기를 채우기 위해 차가운 궁궐 내 공기가 빠져나간다. 궁궐 내 도시숲은 도시의 인공열을 낮춰주는 자연 에어컨 역할을 한다.

앞으로는 여름철 에어컨 사용이 필수적이기에, 개인이 감당해야 할 전기 요금 부담을 생각한다면 도시숲이 있는 숲세권이 인공열이 가득한 역세권보다 훨씬 살기 좋은 동네 아닐까. 대부분 알겠지만, 그 비싸다는 역세권은 보통 대기 질이 좋지 않다. 미세먼지 농도가 높기 때문이다.

그러나 도시숲은 대기 질이 좋은 편이다. 근본적인 이유는 대기 질을 악화시킬 만큼 심각한 오염원 자체가 없기 때문이다. 뿐만 아니라 도시숲 내 식물의 기공을 통한 흡수, 나뭇잎, 줄기, 가지 등의 흡착, 그리고 외부 미세먼지를 차폐하는 기능을 통해 미세먼지가 상대적으로 적어 공기 질이 좋다. 산림과학원의 연구 결과에 따르면 창경궁 도시숲 등은 연간 164.3kg의 대기오염 물질을 저감했다. 도시 외곽의 울창한 숲과 견주어 능력이 전혀 떨어지지 않는다.

궁궐이 품은 다양한 생명

도시의 허파 역할을 하는 도시숲은 인간에게만 유익한 것이 아니라 다양한 생태계 구성 요소를 위한 안식처 역할도 한다. 궁궐 도시숲은 도시 생물다양성의 보물창고다.

나는 아이가 어릴 때부터 함께 창경궁이나 경복궁에 자주 갔다. 특별한 이유가 있어서가 아니라 아이가 좋아할 만한 것이 많기 때문이다. 개미, 벌, 다람쥐, 청솔모, 고양이, 이름 모를 동물들, 그리고 다양한 꽃과 나무 등 아이에게는 충분히 신기하고 즐거운 생물들이 있다. 어릴 때 봤던 곤충을 가끔 만나면 나 또한 너무 즐겁다.

이렇게 도시 내에서 다양한 생명체가 나름 안전하게 공존할 수 있는 공간이 많지 않기에, 궁궐이라는 이름으로 지켜지고 있는 도시숲의 생물다양성은 어떤 수치로도 가늠할 수 없는 중요한 자산이다.

전 세계는 기후위기로부터 살아남기 위해 많은 노력을 하고 있다. 공기 중에 쌓이는 탄소를 줄이기 위해 배출원에서 탄소를 포집하고, 바람과 태양으로 전기를 만들어 더 이상 화석연료에 의존하지 않는 세상을 만들겠다고 한다. 모두 좋은 기술이다.

그런데 이러한 기술들이 당장 우리가 배출하는 탄소를 없애주지는 못한다. 아직은 시간이 더 필요한 미래 기술들이기 때문이다. 그렇기에 지금 우리가 가지고 있는 현대 기술인 '도시숲'을 잘 활용해야 한다. 늘 곁에 있기에 공들이지 않고 신경 쓰지 않아도 되는 것이 아니라 잘 지켜나가야 한다.

사막 국가들은
숲의 기적을 꿈꾼다

나는 더위를 매우 싫어한다. 겨울에는 이불 속에서 손발이 꽁꽁 얼어도 참을 수 있지만, 찌는 듯한 여름날의 땀범벅은 도저히 견딜 수가 없다. 어쩌면 그래서 기후위기에 더욱 민감하게 반응하고 이 문제에 대응할 길을 찾으려고 애쓰는지도 모른다.

그런 나에게 두바이는 전 세계적인 관광 명소라는 수식어에도 불구하고 전혀 매력적이지 않았다. 오히려 피하고 싶은 도시 1순위였다. 기후변화가 심해져 지구가 더욱 뜨거워질 미래를 상상할 때 두바이야말로 가장 적절한 대답을 제공하는 상징적인 장소라고 생각했다. 뜨거운 사막 위에 세워진 도시, 극한의 열기 속에서 살아가는 삶은 내게 공포에 가까운 이미지였다. 그래서 화려하고 유명하더라도 두바이는 일부러 가지는 않을 곳 중 하나였다.

뜨거운 사막 국가들이 꿈꾸는 미래

하지만 2023년 11월, 나의 의지와는 상관없이 생애 첫 중동 출장지로 두바이를 선택하게 되었다. 제28차 유엔기후변화협약 당사국총회COP28가 아랍에미리트 두바이에서 열렸기 때문이다.

그렇게 해서 나는 처음으로 두바이 땅을 밟았다. 두바이는 '뜨거운 사막 위의 황금 도시'라는 말 그대로 놀라움의 연속이었다. 하늘을 찌를 듯이 솟아오른 초고층 빌딩과 기이할 정도로 거대한 구조물 모든 것이 인간의 기술과 자본의 힘을 극단적으로 보여주는 풍경이었다. 도시 자체가 '인간에게 불가능은 없다'라는 메시지를 담고 있는 듯했다.

동시에 이 찬란한 도시가 사실상 화석연료 산업을 기반으로 세워졌다는 사실은 뼈아프게 다가왔다. 기후변화의 주요 원인 중 하나인 화석연료를 수출하여 번영을 이룬 국가가, 아이러니하게도 기후위기 대응을 논의하는 회의의 주최국이라는 사실에 머릿속이 복잡해졌다.

게다가 12월임에도 불구하고 한낮 태양은 살을 태울 듯 강렬했고, 공기는 메마르고 건조했으며, 예고 없이 몰아치는 모래바람은 눈을 제대로 뜰 수 없게 만들었다. 극한의 환경 속에서 나는 기후변화가 더 이상 먼 나라 이야기가 아니라는 사실을 온몸으로 체감할 수밖에 없었다. 두바이는 나에게 불편한 진실과 놀라운 가능성을 동시에 보여준, 기후위기 시대의 상징적인 도시였다.

두바이에서 열린 유엔기후변화협약 당사국총회에서는 인류 최대의 난제인 기후변화 문제를 풀기 위해 지금 우리가 무엇을 해야 하는지, 탄소중립 달성을 위해 무엇을 해야 하는지, 온실가스 감축을 위해 국제사회가 어떤 일을 함께해야 하는지, 심각한 피해를 입은 국가를 지원하기 위해 어떻게 기금을 마련할 것인지, 미래 세대를 위해 어떤 교육을 해야 하는지, 기후변화 피해를 줄이기 위해 필요한 기술은 무엇인지, 기후테크같이 탄소중립 시대에 어울리는 신산업 육성을 위해 어떤 노력을 해야 하는지 등 기후변화와 탄소중립을 위해 다양한 논의를 했다.

그리고 참여 국가들은 첨예한 논의가 필요한 국제회의뿐만 아니라 국가별 특별관을 운영하며 학예회라도 하듯이 각각 진행하는 기후변화 관련 정책, 기술, 과학, 문화, 교육 등을 소개했다.

많은 국가가 운영하는 여러 특별관을 돌아보던 중 멀리서도 한눈에 보이는 거대한 녹색 건물을 발견하여 발길을 옮겼다. 우리나라와 엑스포 유치 경쟁을 벌였던 사우디아라비아의 특별관이었다. 내가 아는 사우디아라비아는 아랍에미리트처럼 초록과는 거리가 멀고 풀 한 포기 없는 사막이었기에, 많은 나무로 둘러싸인 거대한 녹색 구조물은 다소 의외였다. 중동 국가의 특별관이라고는 예측할 수 없었기에 너무 놀랐다.

건물 안으로 들어가는 순간 나는 또 한 번 놀랐다. 뜨거운 태양과 모래바람의 국가 사우디아라비아가 자신들의 미래를 석유가 아닌 숲을 통해 보고 있었기 때문이다. 적어도 행사장에 드러낸 그들의 미래 어디에도 검은 진주, 석유는 보이지 않았다.

사우디아라비아 특별관 입구에서 출구까지 모든 곳의 전시물에는 숲이 담겨 있었다. 그들이 꿈꾸는 미래 도시는 모래 위의 거대한 구조물이 아니었다. 여러 친환경 에너지를 이용하여 바닷물을 담수로 바꾸고, 그 물로 사막에 숲을 조성하고, 그 위에 인간의 정주 공간인 도시를 세우는 혁신 자체였다. 뿐만 아니라 세계 최대 규모의 태양광발전 단지의 위용은 전 세계인의 눈을 사로잡을 만큼 압도적이었다.

국토 대부분이 숲으로 덮여 있어 그 중요함을 인지하지 못할 수 있는 우리와 달리 그들은 자신들의 미래를 지금 갖지 못한 숲에서 찾고 있다는 생각이 들었다. 아무래도 부족한 것을 더 가지려고 하는 것이 인간의 당연한 욕심이기에 그들이 숲에 집착하는 것은 자연스러운지 모른다. 그러나 반대로 우리는 너무 많이 가지고 있기에 아쉬움이 없을지도 모르겠다.

실제의 인간의 정주 공간에서 공존하는 도시숲 등은 다양한 서비스를 제공하기에 사우디아라비아가 숲을 통해 미래를 보려 하는 것은 당연한 일인지 모른다.

도시숲은 대기 중 이산화탄소를 제거하고 땅속에 물을 저장하거나 메마른 대기로 수분을 공급하는 역할을 하고, 증산을 통해 지면을 데우는 에너지를 빼앗아 온도를 낮추며, 오염물질인 미세먼지를 제거하여 공기를 맑게 하기도 한다.

여기서 주목할 점은 도시숲의 여러 기능 중 미세먼지 저감이다. 이론적으로 숲은 나무가 광합성하는 동안 기공을 통해 잎 내부로 미세먼지를 흡수하거나, 나무줄기 및 가지 등의 미세한 나노 구조(거미줄 같은)를 통해 미세먼지를 흡착하거나, 수관층(꼭대기)에 도달한 미세먼지의 이동 속도를 느리게 하거나 면적을 줄여 차단하는 효과를 보이거나, 이동하는 미세먼지를 미기상학적 특성으로 숲 내부로 침강시키기도 한다. 이러한 숲의 미세먼지 저감 기능은 현장에서 검증된 살아 있는 지식이라기보다 교과서의 이론에 가까워 아직 많은 검증이 필요하다.

도시숲의 미세먼지 저감에 관한 미스터리

몇 년 전부터 우리나라는 그동안 이론에 그쳐 있던 도시숲의 미세먼지 저감을 연구하기 위해 숲속 미세먼지를 측정하기 시작했다.

2025년 현재 국립산림과학원은 전국 산림 및 도시숲의 총 44개소, 132개 지점에 산림미세먼지 측정넷을 설치하여 운영하고 있다. 측정넷 미세먼지 관측 장비는 주로 산업단지에서 오염물질이 유입되는 것을 차단하기 위한 도시 내 차단숲, 생활권 미세먼지 저감을 위한 도시공원 녹지, 자연 휴양림 같은 청정숲에 설치되었으며, 미세먼지 농도를 실시간 측정하고 분석하여 10분 단위로 정보를 제공하고 있다.

시화산업단지 인근에 오염물질 차단을 위해 폭 200m, 길이 4km의 띠녹지로 조성된 곰솔누리숲에 위치한 측정 지점에서는 산업단지에서 주거 지역으로 바람이 불 때 입경에 관계 없이 차단숲의 미세먼지 농도가 최대 10%까지 감소했다. 특히 1년 중 미세먼지가 가장 높아지는 3월에 대기오염 모델로 실험하였을 때 숲속 풍속이 증가하여 주변 지역의 미세먼지와 오염물질을 더욱 확산시켜 농도를 낮추는 사실이 확인되었다.

그러나 동일하게 산업단지와 주거 지역 사이에 띠녹지로 조성된 도시숲이 있는 다른 지점은 농도 저감 효과가 크지 않았다. 이 지역은 차단숲의 폭이 너무 작아서 산업단지에 비해 숲속 미세먼지 농도가 유의하게 감소하지 않았다. 따라서 도심지에 미세먼지 차단숲을 조림할 때는 주 풍향뿐만 아니라 숲의 규모 또한 고려해야 한다.

도시 내 공원 녹지의 경우 양재 시민의숲이 대표적인데, 입경에 따라 조금씩 다르지만 도로변에서 숲 중심으로 갈수록 미세먼지 농도가 5~10%가량 낮아진다. 미세먼지가 심한 날 숲으로 들어갈수록 외부의 미세먼지 영향을 덜 받을 수 있다는 의미다.

모든 측정 지점을 고려하면, 측정넷이 설치된 도심과 숲 지역을 비교했을 때 주로 7~10월에 전반적으로 숲 지역의 미세먼지 농도가 낮았다. 입경에 따라 다르나, 큰 입자는 농도 감소율이 최대 20%였으며, 작은 입자도 최대 10%가량 농도가 감소했다(남산·관악·기장·태안 지점).

그 이유는 식생 활동이 활발해지는 여름철(7~10월)에 잎 면적이 증가하여 숲의 오염물질 흡수, 흡착, 침적 등의 영향이 커졌기 때문으로 추정된다.

아직은 초기 단계지만 한국에서 구축한 도시숲 관측 네트워크를 통해 얻은 '실측' 자료는 도시숲의 미세먼지 저감에 대한 미스터리를 푸는 새로운 역사를 써 내려가고 있다. 도시숲의 미세먼지 저감에 대한 연구는 전 세계적으로 많이 부족한 상황이기에 우리가 쌓아가는 자료의 가치는 국제사회에서도 중요한 역할을 할 것이다.

사우디아라비아처럼 도시숲을 가꾸려 하는 국가들에도 반드시 필요한 정보일 것이다. 중동의 모래바람은 어떤 미세먼지보다 강하며, 기후변화는 그곳의 미세먼지 문제를 더 심각하게 만들기 때문이다.

어제는 경쟁자였지만, 그들이 꿈꾸는 미래를 위해 한국의 경험과 지식을 나누어준다면 내일은 그들이 우리 최고의 동지가 되지 않을까. 이것이 바로 전 세계인이 두바이에 모여 찾은 지구의 미래를 위한 해법 중 하나일 것이다.

기술이 기후변화의 현실을 바꿀 수 있다

기후변화를 해결하기 위한 과학적 접근의 근본은 데이터다. 기후변화의 실상을 보여줄 수 있는 데이터, 원인을 밝혀줄 수 있는 데이터, 그리고 결과를 보여줄 수 있는 데이터가 있어야 문제를 해결할 수 있다.

2023년 2월 기후변화 유발 물질인 대기 중 탄소(이산화탄소, 메테인)를 인공위성으로 측정하는 일본우주항공연구개발기구 JAXA와 국립환경연구소 NIES를 방문했다. 우리나라는 국토 곳곳에서 발생하는 '실제' 탄소 배출을 파악할 수 있는 위성이 아직 없어서, 2개의 온실가스 위성을 보유한 일본에 자료 동냥을 할 수밖에 없었기 때문이다. 자존심은 조금 상하지만 말이다. 다행히 오랫동안 연구를 함께해온 신의를 통해 앞으로 더 많은 측정 자료를 얻을 수 있게 되었다. 매우 기뻤지만, 부러운 마음이 더 컸다는 표현이 맞을 것이다. 최근 경제력이 많이 약해졌다고 평가받는 일본이지만, 탄소중립 달성을 위한 과학기술 수준은 그 어느 국가보다 앞서 있다.

아침 9시부터 저녁 6시까지 이어진 토론과 협의를 마친 후 지친 몸을 이끌고 호텔로 들어와 TV를 켜는 순간 나는 놀라지 않을 수 없었다. TV에서 "당신의 회사는 탄소를 얼마나 배출하나요?"라는 질문을 던지면서 기업의 탄소중립을 도와주겠다는 회사의 광고가 흘러나왔다. 늦은 밤 케이블도 아닌 공중파 방송에 이런 광고가? 잠이 깰 수밖에 없었다.

더 놀라운 것은 다음 날 공항까지 가는 지하철역, 기차역, 택시 등에서 제로탄소, 탄소중립, 탄소 흡수 등의 키워드를 전면에 내세운 다양한 기업 광고를 목격한 것이었다.

경제학자가 아니기에 잘 모르겠지만, 기후변화를 연구하는 내 눈에는 희망의 메시지로 보였다. 많은 이가 일본 경제는 지난 30년을 잃어버렸다고 하지만, 앞으로의 30년은 어떻게 될지 모르겠다. 탄소와 관련한 다양한 광고는 결국 그들이 변하고 있다는 '시그널'이기 때문이다. 그것도 시대의 흐름에 딱 맞게 변하고 있다는 긍정적 신호다.

광고를 통해 나타난 민간 시장의 변화는 중요한 의미가 있다. 기후변화에 대응하고 앞으로 다가올 변화를 완화하기 위해서는 민간의 적극적 참여가 필요하기 때문이다.

지금까지 우리는 공기, 물, 토양, 나무 등 지구 시스템 내 기후 요소들 대부분을 공공재라고 생각하는 경향이 너무 강했다. 자신이 아무것도 하지 않아도 결국 국가가 모든 문제를 해결해 줄 것이라 믿었다. 미세먼지로 공기 질이 나빠지면 그동안 자신이 무엇을 했을까 고민하는 것이 아니라 이때까지 국가가 무엇을 했느냐는 불만부터 제기한다. 더 나아가 왜 국가는 빨리 해결하지 못하냐고 한다.

만약 우리가 숨쉬는 공기가 사유재라면 어떨까? 많은 것이 달라졌을 것이다. 기후변화를 일으키는 탄소 문제도 마찬가지다. 탄소 배출량을 줄이고 자연 생태계의 탄소 흡수량을 늘리기 위해서는 국가뿐만이 아니라 민간의 적극적 참여가 중요하기 때문이다. 공기를 사유재로 인식하고 개인의 활동으로 경제적 이익을 창출할 수 있다면 엄청나게 빠른 변화를 만들어낼 수 있을 것이다. 이러한 변화를 위해서는 기후위기 대응을 위한 기술 '기후테크'에 주목해야 한다.

인류 역사를 바꿀 수 있는 기후기술

2021년 2월 IPCC가 6차 보고서 $AR6$를 발표한 후 유엔환경계획 $UNEP$ 유엔환경총회에서 우리가 기후위기에서 살아남기 위해서는 기후변화에 대응할 기술, 즉 기후기술이 필요하다는 주장이 강력히 대두되었다. 기후기술은 크게 세 분야로 구성된다. 첫째, 기후완화 $mitigation$ 기술, 둘째, 기후적응 $adaptation$ 기술, 셋째, 기후완화와 적응을 함께 고려한 기술이다.

기후완화 기술은 기후변화를 일으키는 온실가스 배출을 직접 줄이는 기술이다. 예를 들어 연소 시설 굴뚝에서 대기로 나가는 탄소를 바로 포집하고 처리하는 기술, 건물의 에너지 효율을 높여서 배출량을 줄이는 기술, 풍력과 태양광처럼 탄소 배출이 없는 재생에너지를 개발하는 기술 등이다.

기후적응 기술은 기후변화의 영향으로부터 피해를 최소화하는 기술이다. 온난화로 가뭄이 심해지고 있으므로 가뭄에 강한 농작물을 길러 식량 위기를 막는 기술, 수자원 낭비를 막기 위해 물 사용을 줄일 수 있는 기술, 반대로 폭우가 빈번한 지역에는 홍수 대응 기술, 미래의 기후변화를 정확히 예측해서 피해를 최소화할 수 있는 기후변화 예측 기술 등이다.

기후완화와 적응을 함께 고려한 기술은 말 그대로 온실가스를 저감하면서 기후변화 피해를 최소화하는 기술이다. 쉬운 예가 나무를 심는 것이다. 나대지에 나무를 심으면 탄소를 흡수할 수 있을 뿐만 아니라 땅속 물의 함량도 높이고 여름에는 증산을 통해 주위 기온을 낮추어 폭염을 완화해준다. 단기적으로는 폭염 피해를 저감하고(적응 기능) 장기적으로는 그 지역의 탄소 배출량을 저감하거나 흡수량을 증진하는(완화 기능) 역할을 하는 것이다.

작은 출발도 소중하다

기술 진보는 인류 역사의 중요한 변곡점을 만든다. 증기기관은 인간의 노동력을 대체하여 생산성 향상을 가져와 산업혁명이라는 새로운 문명을 태동시켰다. 우리가 전자제품을 사용할 때 흔히 쓰는 단위인 와트W의 근원인 제임스 와트가 산업혁명의 아버지다.

흥미로운 점은 제임스 와트가 처음 증기기관을 개발한 인물은 아니라는 것이다. 많은 사람이 증기기관과 산업혁명을 얘기할 때 제임스 와트를 떠올리지만, 실제로 증기기관을 처음 개발한 사람은 토머스 세이버리다. 와트는 세이버리에서 토머스 뉴

커먼으로 이어졌던 증기기관을 개량하여 세상의 변화를 끌어냈다. 그것도 의자에 앉아서 휴식을 취하는 도중 끓는 주전자에서 나오는 증기를 보고 이를 이용하겠다고 생각한 작은 출발이 인류의 미래를 바꿨다.

어쩌면 기후테크도 비슷할 수 있다. 완전히 새롭진 않더라도 기존 기술로 탄소 배출량을 줄이거나, 흡수를 증진하거나, 우리가 기후변화에 적응할 수 있게 도와줄 수 있는 기술로 발전시키는 것이 좋은 출발이다. 산업혁명의 불을 지핀 제임스 와트의 증기기관처럼 탄소중립 혁명의 불을 지필 기후테크가 일본, 미국, 유럽이 아닌 한국에서 나오길 진심으로 기대한다.

지구를 살리는
다섯 가지 기후테크

현재 온실가스를 많이 배출하는 분야를 살펴보면 에너지, 산업, 농업 및 토지 이용 등의 순서다. 그래서 많은 사람이 에너지 전환, 즉 석유와 석탄이 아니라 태양광과 풍력 같은 재생에너지를 이용한 발전을 통해 온실가스를 줄이는 것이 중요하다고 한다. 물론 정답이다.

하지만 자세히 살펴보면 또 다른 관점이 있다. 산업 부문은 에너지 생산 부문 다음으로 탄소 배출을 많이 한다고 알려져 있다. 그래서 부문별로 보았을 때 산업은 에너지보다 덜 중요하다고 할 수 있다. 그런데 어째서 에너지를 많이 생산하는지를 살펴보면 바로 산업 때문이다. 산업 부문이 에너지 생산에 따른 배출의 약 30% 이상을 차지한다. 즉, 지금의 산업구조가 에너지를 많이 쓰기 때문에 에너지 생산 부문의 탄소 배출량이 높다.

결국 탄소중립을 달성하기 위한 가장 핵심적인 분야 중 하나는 산업이다. 그래서 요즘은 기후위기를 해결하는 동시에 새로운 산업 기회를 만드는 기후테크에 관한 움직임이 활발해지고 있다. 기후테크란 앞에서 언급한 기후기술을 활용하여 수익을 창출할 수 있는 산업으로 확장한 개념이다. 그래서 기후테크 산업이라고 부르는 것이 정확하지만, 탄소중립녹색성장위원회(탄녹위)와 정부 부처는 간단히 기후테크라고 표현한다. 목표는 탄소를 많이 배출하는 기존 산업을 친환경적으로 바꾸고, 새로운 저탄소 중심 산업을 키워나가는 것이다. 이것이야말로 우리가 살아갈 미래에 중요한 '먹거리'가 될 수밖에 없다.

기후테크라는 말이 아직 낯설 수도 있지만, 꽤 오래전부터 존재해온 기술들이다. 다만 예전에는 연구실에서 실험하거나 논문·특허 수준에 머무는 경우가 많았지만 지금은 달라졌다. 주요 목표는 실제로 돈이 되어 수익을 창출하는 산업으로 키우는 것이다. 지구도 살리고 경제도 살리는 기술인 셈이다.

기후테크는 나라마다 분류하는 방식이 조금씩 다른데, 한국에서는 주로 탄녹위에서 정한 5가지 분야로 나눈다. 클린테크 *clean tech*, 카본테크 *carbon eech*, 에코테크 *eco tech*, 푸드테크 *food tech*,

지오테크_geo tech_다.

화석연료를 대체하는 클린테크

클린테크는 이름 그대로 '깨끗한 기술'을 뜻하며, 주로 탈탄소 에너지와 관련한 산업을 포함한다. 석탄, 석유 같은 기존 화석연료를 대체하거나 줄이기 위한 에너지 기술들이 속한다.

클린테크는 재생에너지와 대체에너지를 생산하거나, 생산한 에너지를 효율적으로 저장하고 사용하는 방법까지 모두 아우른다. 예를 들면 우리가 잘 알고 있는 태양광 패널이나 풍력 터빈이 대표적인 클린테크 기술이다. 이 기술들은 자연에서 얻는 에너지로 전기를 생산하므로 온실가스를 거의 배출하지 않는다.

여기에 더해 최근에는 가상 발전소_VPP, virtual power plant_ 개념도 등장하고 있다. 예를 들어 아파트 단지의 태양광 패널, 소규모 풍력발전기, 전기차 배터리 등을 디지털 기술로 연결해서 하나의 거대한 발전소처럼 작동하게 만드는 것이다. 이렇게 하면 에너지 효율을 높이고 공급을 안정적으로 유지할 수 있다.

에너지 저장 기술도 클린테크의 핵심 분야 중 하나다. 예를 들어 태양광발전은 해가 있는 낮에만 가능하므로, 생산한 전기를 저장할 차세대 배터리 기술이 중요해지고 있다. 현재는 리튬이온 배터리가 주로 사용되지만, 앞으로는 고체 전지나 플로 배터리처럼 더 안전하고 효율적인 기술이 주목받을 것이다.

우리가 흔히 생각하지 못했던 분야도 클린테크에 포함된다. 예를 들어 전력 손실을 최소화하는 스마트 그리드(지능형 전력망), 소규모 에너지 생산이 가능한 분산형 에너지 공장, 전력 송배전망을 개선하는 기술들이다.

이외에도 최근 전 세계적으로 주목받고 있는 소형 모듈 원전SMR, 수소 연료를 이용한 수소발전, 그리고 아직 상용화는 멀었지만 핵융합 발전 같은 기술도 궁극적으로는 탄소를 줄이기 위한 클린테크 기술로 간주된다.

핵융합 발전이란 흔히 말하는 원자력에너지가 아니라 태양이 에너지를 만드는 원리를 이용하여 전기를 생산하는 기술이다. 2개의 가벼운 원자핵이 높은 온도와 압력에서 충돌해 하나의 무거운 원자핵으로 결합하면서 엄청난 에너지를 방출하는 현상을 이용한다. 영화 〈아이언맨〉 주인공의 가슴에 있는 아크 리액터가 소형 핵융합 기반 발전기다. 아직은 상상 속의 에너지지만 정말 상용화된다면 인류의 에너지 문제와 기후변화 문제를 동시에 해결할 확실한 솔루션이 될 것으로 기대된다.

탄소를 막아내는 카본테크

카본테크는 말 그대로 탄소를 직접 다루는 기술이다. 공기 중에 이산화탄소가 배출되지 않도록 막거나, 이미 배출된 탄소를 회수해서 없애거나 활용하는 기술에 기반한 산업 기술이다. 여기에는 탄소포집 기술, 산업 공정 혁신, 저탄소 모빌리티 기술 등이 포함된다.

대표적 분야는 탄소포집인데, DAC*direct air capture*는 공기 중에 떠다니는 이산화탄소를 직접 빨아들여 포집하는 기술이다. 커다란 공기청정기 같은 장치를 설치해 대기에서 이산화탄소를 걸러내는 것이다.

이런 기술은 과거에는 '공상과학 영화에나 나올 법한 상상'으로 여겨졌다. 나도 2000년대 초 대학원에 다닐 때 DAC 이야기를 꺼냈다가 친구들에게 "너, 할리우드 영화 너무 많이 본 거 아냐?"라는 농담을 듣곤 했다. 그런데 이 기술이 현실이 되고 있다. 지금은 오히려 'DAC야말로 기후위기 시대의 구세주'라는 말까지 나올 정도로 주목받고 있다. 스위스 클라임웍스*Climeworks*나 미국 카본엔지니어링 *Carbon Engineering* 같은 기업들이 실제로 DAC 상용화에 나서고 있으며, 사막 한가운데서 수천 톤의 이산화탄소를 포집하고 있다는 뉴스도 심심찮게 들려

온다.

물론 여전히 많은 전력이 필요하고, 대기 중의 희박한 이산화탄소를 효율적으로 모으기 어려운 점이 있지만, 재생에너지와 결합하거나 흡착 소재를 고도화하는 방식으로 한계를 극복하려는 노력이 이어지고 있다. 이런 기술이 빨리 자리 잡으면 좋겠다. 잘된다면 우리가 지금처럼 복잡한 탄소중립 전략을 세우지 않아도 될 수도 있으니.

카본테크의 또 다른 핵심 분야 중 하나는 탄소 포집, 활용 및 저장CCUS, carbon capture, utilization and storage이다. 이 기술은 대형 공장이나 발전소에서 나오는 이산화탄소를 굴뚝에서 바로 잡아 저장하거나 다른 산업에 재활용한다. 예를 들면 포집한 이산화탄소를 탄산음료 기체로 활용하거나, 플라스틱과 건축자재 원료로 바꾸는 기술이다.

또 하나 재미있는 예로 해초나 조류藻類 같은 생물을 이용해 이산화탄소를 흡수하게 하는 자연 기반 탄소 제거법도 연구되고 있다. 바닷속에 해초숲을 조성해 이산화탄소를 흡수시키는 방법이 대표적이다.

지금까지 언급한 것은 새로운 기술들인데, 이러한 '신기술'만 있는 것은 아니다.

카본테크는 기존 제조업 현장에서도 충분히 적용할 수 있는 분야다. 예를 들어 철강이나 시멘트 공장에서 이산화탄소 배출량을 줄이기 위해 원료를 바꾸거나 공정을 개선하는 방식도 중요한 기술이다. 과거에는 고온에서 철을 녹이는 과정에서 엄청난 탄소가 나왔지만, 이제는 수소를 사용해 철을 생산하는 수소 환원 제철 기술이 연구되고 있다.

디지털 기술을 활용한 에너지 효율 개선도 점점 확산하고 있는데, 예를 들어 인공지능으로 설비 가동을 자동 조절하거나, 스마트 센서로 에너지 낭비를 실시간 감지하는 방식을 이미 일부 기업들이 활용하고 있다. 이를 통해 전기 요금 절감+탄소 감축이라는 일석이조 효과를 볼 수 있다.

카본테크는 미래 기술이 아니라 우리의 삶과 산업에서 현실이 되어가는 기술이다. 이 기술들이 제대로 자리 잡는다면 탄소 중립이라는 막막한 과제도 훨씬 현실적인 목표가 될 것이다.

카본테크에서 주목해야 할 마지막 분야는 모빌리티다. 쉽게 말해 전기차EV, *electric vehicle*다. 물론 전기차뿐 아니라 수송 분야 전체를 포함하지만 아무래도 전기차가 대표 선수인 것은 분명하다.

10년 전만 해도 '과연 전기차가 기존 내연기관차를 대체할 수 있을까' 하는 대중의 의구심이 매우 컸다. 그러나 지금 도로에 늘어나는 전기차를 보면 이러한 걱정은 기우에 불과했다.

2023년 기준 전 세계 자동차 판매에서 전기차가 차지한 비중이 약 13~15%였고, 중국의 경우 30%에 육박했으며, 유럽에서도 빠르게 증가하고 있다.

전기차에 비해 갈 길은 멀지만 최근 수소차 보급도 조금씩 늘고 있다. 한국의 몇몇 지방자치단체의 도로에서도 수소 버스를 쉽게 만날 수 있다.

전기차, 수소차 같은 무탄소 운송 수단이 많아지더라도 당분간 내연기관 차량과의 공생은 불가피하기 때문에 내연기관 차량의 탄소 배출량을 줄이기 위한 기술도 등장하고 있다.

이퓨얼 *E-fuel*이라고 불리는 합성연료는 기존 내연기관 차량을 개조하지 않고 사용하면서 탄소 배출을 줄일 잠재력이 있다.

식물 같은 바이오매스를 이용한 바이오연료도 전통적 화석연료보다 탄소 배출량이 적다. 그러나 바이오연료는 대체로 농작물을 사용하기 때문에 대규모로 생산하면 식량 부족 문제가 발생할 수 있다는 것이 단점이다.

디지털 기술을 활용한 모빌리티 분야의 탄소감축 기술도 성장하고 있다. 인공지능을 활용하여 실시간 교통 데이터를 분석하고 교통체증을 최소화하여 연료 소모를 줄이거나, 자율주행을 통해 최적의 운전 패턴을 제공하여 불필요한 에너지 사용을 막는 기술이다.

자원 낭비를 줄이는 에코테크

에코테크는 개인이 가장 이해하기 쉽고 친근한 분야일 것이다. 우리가 거의 매일 하는 분리수거 등을 가리킨다. 에코테크는 자원 재활용, 업사이클링, 폐자원 원료화, 에너지 회수 같은 자원 순환 분야, 폐기물 배출량 감축, 폐기물 관리 시스템 같은 폐기물 절감 분야, 친환경 소재 개발 같은 친환경 분야로 나뉜다.

몇 년 전부터 프라이탁*FREITAG*이라는 브랜드가 세계적으로 유행하기 시작했다. 얼핏 보면 '가방이 왜 저렇게 생겼지?'라고 생각할 수 있는데 원자재를 알면 답을 찾을 수 있다. 프라이탁은 자동차 안전벨트, 자전거 튜브, 발포 고무, 버려진 트럭 방수 덮개 등의 폐기물에서 얻은 자원을 활용해 독창적인 가방을 만들어낸다. 각기 다른 자원으로 버려질 원료를 활용했기 때문에 디자인이 같더라도 모든 물건의 패턴이 달라 각각의 제품에 고유한 특성이 있다. 이러한 특징 때문에 요즘 젊은이들 사이에서 크게 유행한다. 지속가능한 패션을 원하는 소비자에게 유니크함까지 제공하기 때문에 잘 팔리는 것 같다.

이렇듯 업사이클링은 버려지는 폐기물에 새 생명을 불어넣어 더 높은 가치를 창출할 뿐만 아니라 탄소발자국을 줄이고 불필요한 자원 낭비를 줄이는 기후대응 산업으로 성장하고 있다.

식품과 신기술을 결합한 푸드테크

푸드테크는 다른 기후테크 분야보다 잘 알려져 있다. 식품 산업에 다양한 신기술을 적용하여 더 효율적이고 혁신적으로 식량을 생산, 가공, 유통, 소비하는 분야다.

그래서 기후테크에서 주목하는 푸드테크는 식품 생산, 유통, 소비 과정에서 온실가스를 감축하거나 기후변화 피해를 줄이는 적응 분야로 한정한다. 기존 대체육, 세포배양육, 대체유 등의 대체 식품에서 좀 더 많은 온실가스 감축을 유도할 수 있는 기술 등을 의미한다.

친환경 식품 포장, 음식물 쓰레기 저감, 식품 부산물 활용도 스마트 식품 분야의 푸드테크다. 애그테크 *Agtech*라고 불리는 스마트팜, 대체 비료, 기후적응 품종개량 등도 푸드테크에 포함된다.

많은 사람이 체감하고 있듯이 폭염, 폭우, 폭설 등 이상기후로 농작물 피해가 날로 심각해지고 있다. 뿐만 아니라 온난화로 인해 서늘한 기후에서 잘 자라는 작물을 우리나라에서 더 이상 키우기 힘들지도 모른다. 그 주인공은 하루도 빠짐없이 한국인의 밥상에 올라오는 최애 음식 김치의 재료인 배추다. 배추는 서늘한 기후에서 잘 자라는 농작물이다. 그러나 온난화가 지속된다면 더 이상 한국에서 키운 배추로 김치를 만들 수 없다. 가까운 중국에서 수입한 배추에 의존해야 할지도 모른다는 뜻이다. 그렇다면 과연 김치를 한국 음식이라고 할 수 있을까? 어려울 것이다. 그래서 온난화에 대응할 수 있는 새로운 배추 종자를 개발하는 것 또한 중요한 기후테크다.

가장 새로운 지오테크

지오테크는 기후테크 중 가장 새로운 분야다. 이 용어를 처음 접한 독자도 많을 것이다. 지오테크는 기후변화를 유발하는 온실가스를 모니터링하는 탄소 측정, 배출량 산정, 배출권거래와 같은 탄소 데이터 분야, 기후변화 감시 및 예측과 관련한 기상 기후 정보 분야, 그리고 기후재난 방지 및 방재 인프라 시설 구축 같은 기후적응 분야로 구성된다.

과학기술 측면에서 지속적으로 성장하고 있었지만 수익을 창출하는 산업으로는 주목받지 못한 것이 사실이다. 하지만 기후변화가 실존적 위협으로 대두되면서 온실가스 감축, 기후변화 리스크 저감 차원에서 새로운 성장 분야로 떠오르고 있다.

국가적 측면에서 온실가스 감축이라는 목표를 달성하기 위해서는 과학적이고 객관적인 온실가스 측정 및 감시 시스템을 구축해야 한다. 최근 미국, 유럽, 일본을 중심으로 기후변화 유발 물질을 규제하기 위해 정밀한 온실가스 측정 기술을 개발하고 있다. 심지어 인공위성을 발사해 온실가스를 감시하는 모니터링 체계까지 갖추고 있으며, 이 기술들은 민간으로 전파되어 새로운 수익 산업으로 성장하고 있다.

온실가스 감축과 함께 지오테크에서 주목하는 또 하나의 중심축은 기후 정보 활용 분야다. 기후변화가 심각해지고 이상기후의 빈도와 강도가 강해지면서 정확한 기후 정보 수요가 증가하고 있다. 기후 정보는 거의 모든 산업 분야의 의사 결정에 중요한 영향을 미칠 수 있기 때문이다.

예를 들어 농업에서는 농작물 작황 예측, 스마트 농업 관리 등에 활용하고, 관광 및 레저 산업에서는 기후 정보를 활용한 날씨 관광 상품을 구성하거나 야외 스포츠를 위한 맞춤형 정보를 제공한다. 에너지 산업에서는 풍력과 태양광 같은 재생에너지 수요 예측 및 관리를 위해 기후 정보가 필수적이다. 공공 안전을 위한 재난 관리에서는 기상 및 기후 정보를 정확히 전달하는 것이 핵심이다. 패션 산업에서는 기후변화에 따라 전략적으로 장기간의 의류 생산 수요를 조절해야 한다. 항공 산업에서는 기후 정보를 활용하여 안전한 항로를 선택하여 비행 경로를 최적화하고, 물류 산업 또한 날씨 피해를 줄이기 위해 기상 및 기후 정보를 활용하여 운송 경로를 설정하기도 한다.

보험 업계는 기후위기에 맞서기 위해 기후 정보를 적극 활용하여 자산 손실 위험을 줄이려는 노력을 이어가고 있다. 예를 들어 대형 보험사는 기상위성 자료, 기후 시뮬레이션 모델, 해수면 상승 예측 데이터 등을 활용해 홍수나 폭염, 태풍 등의 자연재해로 인한 건물이나 농작물 피해 확률을 미리 산출하고, 그에 맞는 보험료 책정이나 손해율 예측을 정교화한다.

실제로 미국이나 유럽에서는 기후 데이터 기반 보험 상품이 속속 출시되고 있으며, 농업·항공·운송 분야에서도 기후 리스크에 맞춘 보험 모델이 확산하는 추세다.

기후 정보는 에너지, 금융, 유통, 농업 등 다양한 산업 분야의 전략 수립에도 필수적인 자원이 되고 있다. 예를 들어 농업 분야에서는 가뭄 예측 정보를 바탕으로 파종 시기나 품종 선택을 조절하고, 에너지 기업은 태양광 및 풍력 자원의 지역별 발전량을 예측하여 최적의 설비 투자 결정을 내릴 수 있다. 소비재 유통 기업도 기후 패턴에 따라 재고 관리와 물류 전략을 조정하는 사례가 늘고 있다.

그럼에도 불구하고 무척 정밀한 기후 정보를 안정적으로, 그리고 수익성 있게 공급할 수 있는 전문 기업이나 기술 플랫폼이 아직 많지 않은 것이 현실이다. 기후 모델은 매우 복잡하므로, 고도화하려면 위성 관측, 인공지능 해석, 기후 시뮬레이션 기술 등 첨단 기술을 융합할 필요가 있기 때문이다. 따라서 더 많은 투자와 인재 육성이 필요하다. 지오테크 분야의 성장이 더없이 절실한 시점이다.

기후재난을 막을 수 없다면
피해를 줄이자

전 세계가 기후변화의 피해를 줄이기 위해 다양하게 노력하고 있다. 금융권에 관한 기후 리스크의 중요성도 커지고 있으므로 여기에 관해 이야기하겠다. '리스크' 또는 '리스크 헤지*risk bedge*'라는 표현을 한 번쯤 들어봤을 것이다.

리스크 헤지란 특정 위험을 줄이거나 피하기 위해 취하는 전략이나 조치를 뜻하며, 주로 투자·금융 분야에서 예상치 못한 손실을 최소화하기 위한 방법으로 자주 사용된다.

기후변화의 위험을 어떻게 피할까

대표적인 리스크 헤지 전략은 주식 투자자가 주가 하락에 대비해 풋 옵션을 매수하거나, 금이나 달러 같은 안전 자산에 일부 자산을 분산 투자하는 것이다. 손실을 볼 가능성을 완전히 없앨 수는 없더라도 피해를 줄일 수 있는 방어선은 미리 구축해두는 것이다.

기후 리스크 헤지도 비슷하다. 기후변화로 발생할 수 있는 위험, 예컨대 폭염, 집중호우, 가뭄, 산불, 해수면 상승, 폭풍 등으로 인한 인명 및 재산 피해를 완전히 피할 수는 없지만, 피해를 관리하고 최소화하는 방법을 미리 준비하는 것이다. '기후재난을 막을 수 없다면 피해라도 줄이자'라는 전략이다.

농업 분야에서는 급격한 기후변화에 대비해 내한성 또는 내염성 작물 품종을 개발하거나, 기상 데이터를 기반으로 파종 시기를 조정하는 방식이 있다. 도시계획에서는 침수 위험 지역에 스마트 배수 시스템을 구축하거나, 건축자재를 기후 친화적으로 바꾸는 것 등이다. 에너지 분야에서는 이상기후에 따른 전력 수급 불안정에 대비해 태양광, 풍력 등 분산형 에너지원을 조합하거나, 에너지 저장 장치ESS를 설치해 공급 안정성을 확보하는 노력이 해당한다.

기업의 기후 리스크 헤지는 단순한 ESG 마케팅을 넘어서 실제 공급망 붕괴, 원자재 가격 급등, 규제 리스크를 막기 위한 경영 전략으로 자리 잡고 있다. 예를 들어 홍수에 자주 노출되는 지역의 공장을 이전하거나, 탄소세 도입에 앞서 친환경 설비로 전환하는 것 등이다. 글로벌 기업들이 탄소 배출 시나리오를 자체적으로 작성하고 투자자에게 공개하는 것도 기후 리스크 헤지를 위한 조치 중 하나다.

국가 차원에서도 기후 리스크 헤지는 국민의 생명과 재산을 보호하고 경제 시스템의 안정성을 유지하기 위한 핵심 과제다. 예컨대 해안 도시의 방재 인프라 구축, 기후재난 보험 제도 확대, 기후위기 대응을 위한 법·제도 정비 등이 대표적이다. 한국도 기후재난 상시화에 대응해 기상청과 연계한 재난 예보 시스템을 강화하고, 재난 대응 기금 운용을 기후 리스크 중심으로 전환하는 방안을 활발하게 논의하고 있다.

기후 리스크 헤지는 우리가 가장 주목하고 많은 노력을 기울여야 할 영역이다. 단지 환경을 위한 조치가 아니라, 국가는 국가의 안위와 국민의 생존을 위해, 기업은 지속가능한 경영과 수익을 위해 반드시 준비해야 할 핵심 키워드다. 기후변화는 이미 일상 깊숙이 들어온 실질적 위협이기 때문에 선제적이고 실질적인 대응이 필요하다.

갈수록 중요해지는 기후 리스크 정보 공개

최근 미디어를 통해 기후 리스크라는 용어를 가끔 접할 수 있다. 비재무 공시 때문이다.

공시란 기업이 법적 의무에 따라 또는 자발적으로 기업의 중요한 정보를 대중이나 관련 당사자에게 공개하는 것을 의미한다. 공시는 기업이 투명성을 확보하고 정보의 편향성을 줄이며 이해관계자 모두가 기업의 상황을 정확히 이해할 수 있도록 돕는 활동이다.

일반적으로 공시는 재무공시와 비재무공시로 나뉜다.

재무공시는 기업의 재정 상태, 손익 계산, 자산, 부채 등을 포함한 재무제표와 관련된 공시다. 기업들에는 매우 친숙한 개념이다.

비재무공시란 기업의 사회적·환경적·윤리적 활동과 관련한 정보를 공개하는 것이다. 요즘 흔히 말하는 ESG에 관련한 정보 공개이므로 전통적인 재무제표 공개와는 성격이 매우 다르다. 비재무공시는 기업의 지속가능성과 사회적 책임을 평가할 수 있는 중요한 정보이기에 기후변화에 대한 영향, 즉 기후 리스크에 대한 투명한 정보 공개가 매우 중요한 이슈로 떠오르고 있다.

기후 리스크 공시의 목표는 주로 기후변화가 기업의 재무 상태에 미칠 수 있는 영향을 정확히 평가하고 투자자와 여러 이해관계자에게 알리는 것이다.

기후 리스크의 핵심 요소는 크게 물리적 리스크와 전환 리스크로 나뉜다.

물리적 리스크는 기후변화가 직접적으로 일으키는 물리적 현상(폭염, 폭우, 폭설, 가뭄 등)때문에 발생하는 리스크이다. 급격하게 발생한 이상기후가 사업장에 직접적으로 미치는 피해 등을 지칭한다. 태풍으로 공장 지붕이 날아가거나, 폭염으로 근로자의 업무가 중단되거나, 폭우로 사업장이 침수되거나, 가뭄으로 농작물이 말라 죽는 것들이다.

물리적 리스크는 급성(단기)과 만성(장기)으로 나뉜다. 앞에서 말한 사례들은 대부분 급성 리스크이고, 만성 리스크는 주로 해수면 상승이나 서서히 나타나는 온난화로 인한 피해 같은 장기적 변화가 미치는 영향이다. 특정 지역 해안 해수면이 지속적으로 상승하고 있다면 당장 오늘 침수가 발생하진 않겠지만 수년 이내에 생산 시설에 큰 피해가 발생할 것은 자명하기 때문이다.

전환 리스크는 사회, 경제, 정책, 기술 등이 기후변화에 대응하는 방향으로 전환할 때 기업에 발생하는 리스크다. 기후변화 대응을 위해 필요한 변화를 기업이 따라가지 못했을 때 발생하는 리스크다.

전환 리스크는 크게 4가지로 분류된다. 정부가 기후변화 대응을 위한 규제나 정책을 강화함으로써 기업 경영 환경이 영향을 받는 정책 리스크, 친환경 기술이 발달하는 속도를 쫓아가지 못한 기존 산업에서 발생하는 기술 리스크, 소비자의 선호도 변화나 새로운 시장 등장으로 기존 제품이나 서비스가 외면받는 시장 리스크, 기후변화 대응에 대한 사회적 압력이나 투자자의 요구로 발생하는 평판 손상과 같은 평판 리스크다.

예를 들어 탄소중립 같은 정부 정책을 반영하지 못하고 화석연료에 의존하는 사업, 지속가능성을 중요시하는 소비자 트렌드에 맞지 않는 일회용 제품 생산, 환경 파괴적인 사업 행위 때문에 소비자들의 비판을 받아 사회적 평판이 떨어지는 기업, 탄소 규제가 강화됨에도 불구하고 석유나 석탄에 기반한 기술에 매몰되어 있는 산업이나 제품은 전환 리스크의 위험이 커질 수밖에 없다.

지속가능한 수익을 위한 리스크 인식

기후변화로 인한 피해가 지속적으로 증가하는 현재 개인, 기업, 지방자치단체 그리고 국가까지 리스크 요인을 파악하고 대응할 필요성에 관해 찬반 논의하는 것은 시간 낭비다.

특히 기업은 공시 대응 때문만이 아니라 지속가능한 수익을 창출하기 위해서 리스크를 정확히 인식해야 한다. 기업의 비재무공시 관점에서 보면 보통 TCFD *Task Force on Climate-related Financial Disclosure*라는 국제적 지침을 활용하여 기후 리스크를 관리한다.

기후 리스크 공시는 다음 4가지 주요 항목을 다룬다. 첫째, 기후변화가 기업의 사업 모델에 미칠 수 있는 잠재적 영향을 식별하고 평가하는 기후 리스크와 기회 식별이다. 예를 들어 우리 회사의 사업장이 하천 주변에 있기에 집중호우 강도 증가에 따라 침수 위험이 커진다는 것을 파악하는 행위이다. 둘째, 기후 리스크 관리에 관한 전력과 프로세스 전략을 위한 리스크 관리 과정이다. 예를 들어 에너지 전환 정책이 강화됨에 따라 제품 생산을 위해 재생에너지를 확보하는 전략을 작성하는 것이다. 셋째, 기후 리스크가 기업의 재무 성과에 어떤 영향을 미칠지에 대한 예측이 필요하다. 넷째, 기후변화 대응을 위한 구체적인 목표 설정과 달성을 위한 이행 평가를 보고하는 것이다.

앞으로 다가올 기후 리스크를 정확히 헤지하기 위해서는 매우 정교한 리스크 인지와 대응이 필요하다. 사실 리스크 요인만 정확히 식별한다면 헤지 수단을 찾는 건 어렵지 않다.

하지만 한국 기업 대부분의 대응 방식은 여전히 걸음마 수준이다. 대기업, 세계적인 기업, 중견 기업 등 규모와 명성에 상관없이 재무공시의 정확도에 비하면 비재무공시의 정확도가 매우 빈약하다. 단순히 공시 대응이 문제가 아니라 정확한 기후 리스크 헤지를 해내지 못하면 공든 탑이 무너지는 건 시간문제라는 걸 명심해야 한다.

기후기술은
장기적인 생존 전략이다

기후변화에 대응한다는 것은 단순히 온실가스를 줄이는 수준을 넘어 인간 삶의 거의 모든 분야에서 과감하고 도전적인 변화가 필요하다는 뜻이다. 단순히 'Climate Change'에 적응하는 것이 아니라, 오히려 세상의 흐름을 역전시킬 수 있는 'Change Climate', 즉 기후를 바꾸는 수준의 거대한 전환이 필요하다.

전환을 위해 가장 절실한 것은 앞서 언급한 혁신적 기후테크다. 기후변화를 늦추고, 이미 진행되고 있는 변화에 슬기롭게 적응하기 위해서는 에너지, 산업, 농업, 도시 등 다양한 분야에서 기술 혁신을 병행해야 한다. DAC(대기 중 이산화탄소 포집 기술)나 수소 환원 제철, 탄소 배출을 최소화하는 스마트 농업 시스템,

태양광 기반 해수 담수화 기술 등이 대표적인 기후테크다.

'기다림의 시간'을 견디게 해주는 자본

하지만 기후테크의 대부분은 초기 단계에 머물러 있다. 지금 당장 '짠!' 하고 온실가스를 눈에 띄게 줄여주는 마법 같은 기술은 아니다.

DAC 기술만 보더라도 이산화탄소 1톤을 제거하는 데 막대한 전기와 비용이 소요되며, 효율성과 경제성 문제는 아직도 숙제로 남아 있다. 수소에너지 인프라 역시 전 세계적으로 실용화되기까지는 막대한 인프라 투자와 시간 필요하다.

이런 점에서 기후테크에 대한 사람들의 관심이 적은 주요 이유 중 하나는 당장 가시적 성과를 내지 못하는 상황 때문이라 해도 과언이 아니다. 언론이나 투자 시장에서도 단기간에 수익을 내는 기술에 집중하다 보니 '느리지만 중요한 기술들'이 외면받기 쉬운 구조가 되어버렸다.

따라서 지금 중요한 것은 이러한 '기다림의 시간'을 견딜 수 있게 해줄 자본의 역할이다. 이것을 '인내자본*patient capital*'이라고 부른다. 단기 수익이 아닌 장기적인 사회·환경적 가치를 보고 투자하는 자본이다.

　인내자본은 현재 세상을 바꾸고 있는 많은 혁신 기술을 등장 킨 원동력이자 세계적인 기술기업을 탄생시킨 핵심적인 역할을 했다. 이제는 전 세계인이 아는 글로벌 기업 아마존, 테슬라, 넷플릭스, 스페이스X 같은 기업 모두 인내자본의 힘으로 탄생했다. 뿐만 아니라 전 세계인을 공포로 몰아넣은 코로나19가 확산하던 시기에 인류를 구원해줄 것 같았던 모더나 같은 바이오 기업도 장기간의 금융 지원을 통해 탄생할 수 있었다.

　유럽의 여러 국가에서는 국가 차원의 기후기술 투자 펀드를 운영하여 민간에서 기피하는 초기 기술에도 꾸준히 자금을 지원하고 있다. 미국의 유명 기업가이자 벤처투자자 빌 게이츠도 'Breakthrough Energy'라는 기후기술 중심 펀드를 통해 장기적 관점에서 수익이 돌아오는 구조를 설계하고 있다.

　지금 이 순간에도 기후변화는 멈추지 않고 진행되고 있다. 기다림 없이 가시적 효과만 좇는다면 핵심 기술이 뿌리내리기도 전에 관심 밖으로 밀려나고, 우리 스스로 변화의 기회를 놓칠 수도 있다. 기후테크는 단기 성과보다 장기적인 생존 전략임을 인식하고 묵묵히 뒷받침해줄 인내자본과 사회적 관심이 절실한 때이다.

기후위기의 영향을 완화하는 기후금융

기후변화 대응을 위한 인내자본의 한 형태인 기후금융은 온실가스 감축과 기후변화 적응을 위한 금융 지원을 가리킨다.

2015년 파리협정에서 기후변화 대응을 위한 금융의 역할이 처음으로 명문화되었으며, 2018년 유엔기후변화협약*UNFCCC*에서 기후금융이 공식적으로 정의되었다. 금융자원을 활용하여 탄소 배출을 줄이고 저탄소 경제 전환을 촉진하겠다는 의미다. 기후금융은 기술 혁신과 인프라 개선을 위한 자금을 조달함으로써 기후위기의 영향을 완화하는 데 기여한다.

기후금융은 녹색금융의 하위 개념이다. 녹색금융이 환경 전반(수질 보호, 생태계 보존 등)을 포괄하는 반면 기후금융은 온실가스 감축과 기후변화 적응을 주된 목표로 삼는다.

기후금융은 저탄소 금융*mitigation finance*과 적응 금융*adaptation finance*으로 나눌 수 있다.

저탄소 금융은 온실가스 배출 감축 및 흡수, 저장을 위한 금융을 의미하며, 적응 금융은 기후변화 피해를 완화하고 생태계 회복을 지원하는 자금 조달을 가리킨다.

기후금융에서는 분류 체계인 그린 택소노미*green taxonomy*를 통해 친환경 경제활동을 정의하고 그린워싱을 방지한다. 녹

녹색금융으로 분류되려면 6가지 환경 목표(온실가스 감축, 기후변화 적응, 지속가능한 수자원 관리, 순환 경제 촉진, 오염 방지 및 관리, 생물다양성) 중 최소한 하나에 기여해야 한다. 또한 무해 원칙 DNSH, do no significant harm 을 준수하여, 특정 환경 목표를 달성하는 과정에서 다른 환경 요소에 부정적인 영향을 미치지 않아야 한다. 동시에 최소 사회 기준 MSS, minimum social safeguard 을 충족하여 사회적 기준을 준수하는 것도 중요하다.

세계적으로 기후금융 시장이 꾸준히 성장하고 있으며, 특히 민간 투자 비율이 증가하는 추세이다. 온실가스 감축과 기후적응 분야 중에서도 온실가스 감축에 대한 지원이 상대적으로 높은 비중을 차지한다.

한국의 경우 기후금융이 정부 중심의 공공 기후금융 형태로 운영되고 있다. 대표적으로 녹색기후기금 GCF, Green Climate Fund 이 있다. 선진국이 기금을 조성하여 개발도상국의 온실가스 감축과 기후변화 대응을 지원하는 방식이다.

또한 금융위원회가 2024년 기후위기 대응을 위한 금융 지원 확대 방안을 발표함에 따라 2050년 탄소중립 목표 달성을 위해 정책금융기관과 민간 은행이 협력하여 총 420조 원 규모의 녹색자금을 공급할 계획이다. 신재생에너지 투자를 촉진하기 위해 2030년까지 9조 원 규모의 미래 에너지 펀드를 조성하고, 기후기술 선점을 위한 3조 원 규모의 기후기술 펀드를 설립하여 총 9조 원을 투자할 예정이다. 이를 통해 기업들의 저탄소 공정 전환과 기후기술 개발을 지원하고, 지속가능한 경제성장을 도모할 방침이다.

기후금융이 활성화되면 기후테크 산업이 더욱 빠르게 성장할 것이다. 기후변화 대응을 위한 기술 개발 기업에 대한 자금 지원이 증가하고, 기존 산업의 탄소 배출 저감을 위한 금융 인센티브가 확대되며, 기후변화에 취약한 국가들을 대상으로 한 금융 지원과 기후적응 기술 보급이 강화되기 때문이다. 결과적으로, 확장된 기후금융은 저탄소 경제 전환을 앞당기고 기후테크 산업의 발전을 촉진하며 기후변화 대응의 핵심 동력으로 작용할 수 있을 것이다.

인공지능은 기후위기 시대의 적인가, 영웅인가

오늘날 전 세계를 뜨겁게 달구는 키워드 중 하나는 기후변화이며 또 다른 키워드는 인공지능AI, *artificial intelligence*이다. 하나는 극복해야 할 대상이고, 하나는 더 갈구하는 대상이다.

기후변화와 인공지능은 공존할 수 있는 대상일까. 다시 말해 인류는 기후변화가 점점 심각해지고 있는 오늘날 AI 기술을 계속 개발해도 될까. AI가 인류를 한 단계 더 높은 수준의 삶으로 인도하기 위해서는 반드시 기후변화를 해결하는 데 동참해야 한다. 그렇다면 기후위기 시대 AI는 우리를 위기에서 구원해줄 메시아가 될 수 있을까?

전기 먹는 하마, AI

내 전공 분야는 기후변화이기에 나름대로 탄소 배출량을 산정하거나 기후변화 리스크를 진단하는 것은 자신 있다. AI도 연구에 열심히 활용하고 있기 때문에 어색하진 않다.

많은 사람이 간과하는 사실이 있다. AI가 지금처럼 유행하기 전에도 기후변화 연구자들은 지구 시스템을 망라하는 방대한 자료(빅데이터)를 처리하기 위해 AI와 유사한 방법을 통해 다양하게 연구해왔다. 그래서 "어느 정도 수준에서 보면 AI가 기후변화 해결에 도움이 되는 것 같아요."라고 막연히 말할 수도 있을 것이다.

하지만 AI가 기후위기에 도움이 될지를 판단하려면 좀 더 과학적으로 접근할 필요가 있다. 기후위기 시대에 어떤 도구가 도움이 되려면 기후변화를 좀 더 느리게 만들거나 완화할 수 있게, 즉 온실가스 배출량을 줄이거나 기후변화에서 발생할 수 있는 리스크를 줄이는 데 기여해야 한다. AI가 인류의 지속가능한 미래를 열어줄 도구가 되기 위해서는 탄소를 줄이거나(기후변화 완화) 기후변화 피해를 줄일 수(기후변화 적응) 있어야 한다.

AI가 기후변화 완화를 위한 탄소 배출 감소에 어떻게 이바지하는지 살펴보자. 많이 알려진 것처럼 AI와 전력 소비의 관계는 매우 뚜렷하다. AI는 '전기 먹는 하마'로 불릴 만큼 막대한 전기를 기하급수적으로 소비한다.

AI를 개발하고 운영하기 위해서는 방대하고 질이 좋은 데이터를 학습시키는 것이 중요하다. 그래서 충분한 양의 데이터를 보관하는 데이터센터에도 전기가 필요하고, 데이터를 가공할 때도 전기가 필요하며, AI 데이터를 활용할 때도 전기가 필요하다.

간단히 생각해보자. 우리가 '1년에 얼마나 많은 커피를 사 마셨을까' 하는 질문에 정확히 대답하기 위해 생각하기 시작하면 불과 몇 분 만에 피곤해질 것이다. 어려운 수학 문제를 풀 때면 훨씬 더 힘이 빠질 것이다. 에너지를 많이 쓰기 때문이다. 그럼 이보다 훨씬 많은 계산을 하는 AI가 얼마나 많은 에너지를 쓸 수밖에 없는지 짐작할 수 있을 것이다. 문제는 우리가 AI를 활용하는 데 필요한 에너지를 수급하기 위해서는 너무 많은 탄소를 배출할 수밖에 없다는 점이다. 적어도 현재 상황은 그렇다.

앞에서 언급한 데이터센터를 좀 더 살펴보면, AI 학습을 위해서는 CPU, GPU 등 연산장치(서버)를 구축해야 하며, 운용하면서 열을 식히기 위한 냉각장치도 필요하다. 우리 연구실에서 사용하는 작은 연산장치도 에어컨이 없으면 가동하지 못하는 정도인데, 많은 사람이 함께 쓰는 챗GPT *ChatGPT* 같은 범용 장치는 상상을 초월하는 냉각장치가 필요할 것이다.

국제에너지기구*IEA, International Energy Agency*에 따르면 2022년 기준 데이터센터와 AI 분야의 전기 소비는 전 세계 전력 소비의 약 2%에 해당하는 460Twh이며, 2026년에는 1,050Twh까지 약 2배 이상 증가할 것이다. 늘어나는 전력 수급 문제를 무탄소 에너지로 대체하지 못하면 지금보다 탄소 배출이 더 많아질 것이라는 뜻이기에 기후변화 완화에 정확히 반하는 방향이다.

세계적 빅테크 기업들의 상황도 마찬가지다. 구글은 AI를 본격적으로 사업에 활용하면서 2023년 기준 탄소 배출량이 4년 전보다 약 48% 가까이 늘어났다고 보고했다. 2021년 구글은 2030년까지 탄소중립을 달성하고 모든 공정을 무탄소 에너지로 대체하겠다고 야심 차게 선언했지만, AI와 함께라면 목표를 달성할 수 없을 듯하다. 구글뿐만이 아니다. 마이크로소프트도 AI를 위한 데이터센터 확충으로 탄소 배출량이 늘어났으며, 국내 기업 네이버도 생성형 AI 개발에 따라 탄소 배출량이 많아진 것으로 나타났다.

2021년 기존 석유화학·철강·제조 산업처럼 당장 탄소 배출을 줄이기 어려운 분야보다 빠르게 탄소중립을 이루겠다고 선언하고 더 나아가 탄소 상쇄까지 장담했던 빅테크 기업들이 AI 때문에 많은 탄소를 배출하고 있다.

AI가 기후변화 완화 측면에서 당장 큰 도움이 되지는 않을 것이다. 그래도 희망적인 부분은 몇몇 AI 기술이 에너지 효율화, 공정 개선, 에너지 수요 예측, 저탄소 소재 개발 등에 활용되어 배출량 저감에 이바지하고 있고, 많은 빅테크 기업도 에너지 효율을 향상하여 간접적 배출량을 줄이고 재생에너지를 확보하기 위해 노력한다는 점이다.

기후변화 예측을 돕는 AI

기후변화 적응 분야의 AI는 앞의 상황보다 조금 희망적이다. 기후변화의 큰 문제점 중 하나는 예측 불확실성이다. 만약 내일 닥칠 이상기후를 정확히 예측할 수 있다면 오늘 대응하여 피해를 줄일 수 있다. 이처럼 정확한 예측이 중요하지만, 기후변화 관점에서 내일, 한 달, 1년, 10년, 100년 뒤를 예측하기는 매우 어렵다. 기후변화가 시간과 공간의 경계를 다 흔들고 있기 때문이다.

 그런데 최근 AI가 기후변화 예측의 불확실성을 줄여주는 역할을 하기 시작했다. 그동안 예측 불가능하다고 여겨졌던 폭염, 폭우, 폭설, 폭풍에 대한 시공간 변화의 예측 정밀도가 높아지고 있다.

 기후변화 모니터링 분야에서도 AI는 진가를 발휘하고 있다.

전 세계 곳곳에서 일어나는 기후변화와 피해를 진단하기 위해서는 매우 정밀한 관측이 필요하지만, 당장 지구 모든 곳을 살필 수는 없기에 인공위성에 의존하고 있다. 하지만 위성 또한 실시간으로 모든 곳을 볼 수 없기 때문에 한계가 있다.

그런데 AI는 이질적인 여러 위성을 묶어서 새로운 정보를 산출하는 역할을 해내기 때문에, 새로운 위성을 발사하는 데 비해 탄소 배출 저감이나 경제성에서 우위를 점하고 있다.

현재 탄소중립 및 기후변화 완화 측면에서 AI는 긍정보다는 부정적인 면이 강하고, 기후변화 적응 분야에 한해서는 긍정적인 면이 우세해 보인다. 물론 AI를 효율적으로 활용하여 에너지 수요를 정확히 예측하고, 제조 공정 혁신, 탄소 관리 등을 통해 온실가스 배출을 줄이려고 많은 이가 노력하고 있지만, 절대적인 규모가 아직 무척 작다.

현재 상황은 과거 인류가 걸어왔던 방식과 유사하다. 인류는 경제성장과 산업화를 위해 막대한 에너지를 쓰고 탄소를 배출했다. 그 과정에서 뜻하지 않은 기후변화를 맞이했다. 지금은 AI가 당시와 비슷한 상황이다.

하지만 AI가 우리에게 필요한 기술이라는 점을 부정할 수는 없다. 다만 기후변화 완화와 관련하여 부정적인 면을 빠르게 극복할 방안이 필요하다. 인류에게 득이 되는 기술을 시대 흐름에 맞춰야 한다. AI가 우리의 동반자가 되기 위해서는 AI의 탄소 배출을 줄이는 방법을 인간 지능으로 현명하게 판단해야 한다.

뉴욕은 왜
가스레인지를 퇴출했을까

하루에도 전 세계에서 수십만 명이 몰려드는 뉴욕. 이곳에서 기후변화 대응을 위한 혁명이 일어나고 있다. 그중 하나는 바로 '가스레인지 퇴출!' 왜 가스레인지인지 의문이 들 것이다. 그 이유는 우리가 흔히 쓰는 도시가스의 주원료가 메테인이기 때문이다!

 2021년 뉴욕시는 기후위기 대응과 공기 질 개선을 위한 노력의 일환으로 '가스 없는 빌딩' 정책을 발표하고, 신규 건물에 대해 전기에 기반한 장비 사용을 의무화하기 시작했다. 가스레인지 등 천연가스에 기반한 기기 사용을 제한하고 전기레인지나 인덕션 기기 사용을 촉진하기 위해서다. 이러한 정책의 목적은 전기에 기반한 조리 및 난방 시스템으로 전환하여 온실가스 배출을 줄이고, 도시의 환경 부담도 경감하는 것이다.

뉴욕시는 친환경 건축 기준과 탄소중립 목표를 달성하기 위해 추진하는 다양한 정책을 통해, 앞으로 기존 건물이나 새로운 건축물에서 가스 기기의 비중이 줄어들 것으로 기대한다. 서울, 더 나아가 한국도 벤치마킹할 필요가 있는 좋은 전략이다.

메테인 사용을 줄이기 위한 노력

뉴욕시가 사용을 억제하고 있는 메테인에 대해 알아보자. 왜 굳이 메테인인가.

제일 중요한 점은 이산화탄소 다음으로 대기 중에 많은 물질이며, 강한 온실효과를 일으키지만 체류 시간이 짧기 때문에 배출량을 줄이면 농도가 낮아져 온실효과가 약해질 것이기 때문이다. 또한 주로 가스가 사용되는 메테인을 줄이면 도시 대기 질 개선이라는 추가 이득도 발생한다.

이러한 배경에서 국제사회는 2021년 제26차 유엔기후변화협약 당사국총회 COP26에서 미국과 유럽이 주도하는 국제메테인서약 Global Methane Pledge에 참여했다. 주요 내용은 2020년 대비

2030년까지 메테인 배출량을 최소 30% 감축하는 것을 목표로 하며, 현재 100개국 이상이 서약에 참여하고 있다. 이 서약은 에너지, 농업, 폐기물 처리 등 다양한 부문에서 메테인 배출을 줄여 기후변화 완화에 기여하고자 하는 국제사회 공조의 좋은 예다. 그래서 지금 많은 국가가 자국의 메테인 배출을 줄이기 위해 다각적 전략을 세우고 있다.

그럼 한국의 메테인 배출은 어떨까. 온실가스 전체를 살펴보면 2021년 한국의 총온실가스 배출량은 6억 7,660만 톤으로, 이산화탄소가 91.4%, 메테인이 4.1%, 아산화질소가 2.1%, 수소불화탄소가 1.0%, 육불화황이 0.8%, 과불화탄소가 0.5%를 차지한다.

메테인 배출량은 2020년 기준으로 농업 분야에서 가장 많이 발생하며, 전체 배출량 중 43%인 약 1,190만 톤CO_2eq에 해당한다. CO_2eq는 각 온실가스를 이산화탄소 기준으로 치환하여 비교할 수 있도록 단위를 통일한 것이다. 메테인의 양을 CO_2eq로 표기하는 이유는 메테인이 이산화탄소보다 온실효과가 더욱 강력함을 감안해 공평하게 비교하기 위해서다.

메테인 배출의 가장 큰 요인은 벼 재배로, 약 570만 톤 CO_2eq가 배출된다. 다음으로는 가축 장내 발효를 통해 약 470만 톤CO_2eq가 배출된다. 이처럼 농·축산업에서 많은 메테인을 배출하고 있다. 그다음은 폐기물 분야다. 전체 메테인 배출량의 약 32%인 약 8,800만 톤CO_2eq가 폐기물 관리에서 발생하며, 그중 가장 큰 비중을 차지하는 것은 폐기물 매립으로 약 7,700만 톤CO_2eq다. 에너지 부문은 전체 메테인 배출의 약 21.7%인 9,500만 톤CO_2eq를 차지하며, 그중 연료 연소와 탈루성 배출(누출)이 각각 1,700만 톤CO_2eq와 4,200만 톤CO_2eq다. 이처럼 메테인을 가장 많이 배출하는 분야는 농업이며, 폐기물 매립이 단일 분야로는 가장 많이 배출한다.

국제사회는 기후위기 대응을 위해 에너지 부문에 더 강력한 규제를 시행하고 있다. 에너지 부문이 산업과 직결되어 있으며, 농업이나 폐기물 분야보다는 상대적으로 빠른 배출 감축 성과를 기대할 수 있기 때문이다.

에너지 부문의 메테인 배출을 줄이기 위해 미국과 유럽은 2024년 5월 새로운 규제를 발표하고 시행 중이다. 미국 EPA는 2038년까지 석유 및 가스 산업의 메테인 배출량을 80%까지 감축하겠다는 목표를 세우고, 배출원 감축과 탈루 모니터링을 강화하기로 했다. 석유 및 가스 산업 공정—천연가스 생산·정제·운송 과정—에서 여러 경로로 발생하는 메테인을 철저히 모니터링한다는 것이다. 천연가스를 사용하는 사업장의 연소 과정에서 불완전연소로 메테인이 배출되거나, 탱크, 밸브, 펌프, 컴

프레서 등에서 환기 배출이 발생하며, 관정이나 파이프라인에서 우발적 탈루도 나타날 수 있기 때문이다.

유럽도 미국과 유사한 규제 내용을 발표하고 시행 중이다. 화석연료를 사용하는 기업은 메테인 배출량 측정, 보고, 검증을 의무화하고, 생산 시설에서 메테인 누출 감지 및 수리를 반드시 시행하도록 규제하고 있다. 특히 2027년까지 사업장에서 발생하는 환기 및 탈루로 인한 메테인 배출을 100% 금지하는 강력한 규제도 포함되어 있다.

흥미로운 점은, 글로벌 메테인 모니터링을 강화하여 공급망 전반의 메테인 탈루와 수입 화석연료에 대한 배출량 추적까지 범위를 확대했다는 것이다.

미국과 유럽은 인공위성이나 항공기를 활용한 원격 모니터링으로 기업 사업장의 메테인 농도를 실시간으로 파악하겠다는 의지도 보이고 있다. 즉, 기업이 보고하지 않더라도 대기 중 메테인 농도를 원격 측정해 배출량을 확인할 수 있다.

메테인 규제는 모두의 이익이다

미국과 유럽의 규제를 단순히 그들의 문제로만 보면 안 된다. 유럽은 자국 내 감시뿐만 아니라 원격 모니터링을 통한 글로벌 메테인 감시 체계를 구축하여, 수입하는 제품의 생산지에서 발생하는 메테인 탈루까지 규제하려는 의지를 보이고 있다. 한국 기업이 유럽에 수출하는 제품을 제조하는 과정에서 발생하는 메테인 탈루를 철저히 관리하지 않으면 유럽 규제에 따라 불이익을 당할 수 있다.

이 상황을 단순한 압박으로 받아들이기보다, 장기적인 탄소중립 전환과 새로운 기회 창출의 계기로 삼아야 한다. 미국과 유럽이 가스 규제를 추진하는 이유는 탄소중립 실현뿐만 아니라 기업의 경제적 손해를 줄이는 공편익도 크다고 믿기 때문이다.

예를 들어 천연가스를 주원료나 에너지원으로 사용하는 기업 사업장의 월 가스 요금이 2,000만 원이라고 가정하면 탈루가 발생했을 때의 실제 사용량은 2,000만 원 정도가 아닐 것이다.

탈루는 사용하지 않은 가스가 어딘가에서 누출되고 있다는 뜻이므로, 월 1,000만 원 상당의 가스가 누출된다면 그 기업은 50%의 경제적 손해를 보고 있는 셈이다.

탈루 발생 지점을 신속하게 파악하고 수리 또는 교체하여 누출을 막으면, 가스 요금과 실제 소비량을 모두 줄일 수 있다. 그래서 미국 정부는 메테인 규제를 통해 천연가스 회수를 촉진하면 최대 980억 달러(약 137조 원)의 경제적 이익이 발생할 것으로 기대하고 있다.

과거보다 실효성 있는 온실가스 감축 규제가 등장하는 상황에서 국내 기업들이 국제 정세를 제대로 파악하지 못한다면 언제 어떤 형태로 막대한 손해가 발생할지 모르는 위험에 직면할 것이다. 따라서 규제 내용을 정확히 이해하고, 각 기업의 특성에 맞는 대응 방안을 수립할 필요가 있다. 특히 한국은 미국이나 유럽에 비해 이렇다 할 특별한 감축 전략이 없기 때문에 더 빠르게 움직여야 한다.

기후위기를 외면한다면
지구의 미래는 없다

2025년 현재 뉴스를 보면 도널드 트럼프 미국 대통령의 한마디 한마디가 헤드라인을 장식하고 있다. 하루가 멀다 하고 예측하기 힘든 정책을 쏟아내기 때문이다. 오늘은 또 무슨 소리를 했는지 궁금하지 않을 수 없다.

나는 어릴 때부터 '트럼프 카드' 게임을 좋아해서 트럼프라는 이름이 낯설지 않다. 많은 분이 알겠지만 트럼프 카드는 원래 카드 게임에서 특정 슈트나 카드가 가장 우위를 점한다는 개념에서 유래했다. 이후 트럼프라는 단어는 정치, 비즈니스, 일반적 상황에서 '결정적인 강력한 무기'를 의미하는 표현으로 확장되었다.

사실 트럼프와 직접적인 관련은 전혀 없지만, 지금 그의 행보를 보면 카드 게임 이름처럼 국제사회에서 결정적인 역할을 하는 듯하다.

기후 문제도 마찬가지다. 트럼프가 당선되는 순간부터 전 세계는 기후변화 대응이 후퇴할 것이라는 깊은 우려를 내비쳤다. 아니나 다를까 취임하자마자 그는 곧바로 파리협정에서 탈퇴하는 행정명령에 서명했다. 일부에서는 유엔기후변화협약까지 탈퇴할지도 모른다는 걱정을 제기했다.

지금까지 기후위기에 대응하기 위해 많은 투자 및 기반 시설을 구축해온 한국 처지에서는 머리가 아플 수밖에 없다. 여기서는 우리가 무엇을 어떻게 해야 하는지에 관해 생각할 만한 몇 가지를 얘기하려 한다.

한파가 바꾼 미국 대통령 취임 장소

트럼프의 2기 대통령 취임식은 잊지 못할 기록을 남겼다. 그의 두 번째 취임식은 원래 내셔널몰로 연결되는 국회의사당 앞 야외무대에서 성대하게 진행될 예정이었으나 취임식 당일 영하 13도까지 떨어지는 북극발 한파가 예보되면서 실내 중앙홀로 급히 변경되었다. 미국 대통령 취임식이 실내에서 열리는 것은

1985년 로널드 레이건 대통령 이후 40년 만이라고 한다.

나는 '안 그래도 기후변화를 싫어하는데 이번 일로 더 싫어하겠는데'라며 속으로 웃었다. 하지만 바로 이게 현실이다. 본인이 아무리 싫어하고 정치적 견해가 전혀 다르더라도 기후변화는 진행 중이다. 그가 어떤 판단을 하고 어떤 얘기를 하더라도 기후가 바뀌고 있고 인류의 피해가 늘고 있다는 것이 중요하다.

대통령의 결정으로 연방 정부 계획이 바뀔 수는 있겠지만 실제 기후변화 피해를 감당해야 할 주 정부, 지방자치단체, 시민사회는 기후변화 대응을 멈추지 않을 것이다. 지금 당장 탄소 배출을 줄이더라도 올여름에 더 강력한 허리케인이 올 것이고 더 뜨거운 폭염이 미국을 덮칠 것이기 때문이다.

민간 기업도 마찬가지다. 잘못된 정책에 대한 유혹 때문에 기후 리스크에 대비하지 않고 있다가는 허리케인 한 번으로 기업 문을 닫게 될 수도 있다. 경제적 이익을 추구하는 것도 중요하지만, 기후변화는 실존적 위협이라는 점을 명심해야 한다.

미국 우선의 규제 완화

기후위기를 부정하는 트럼프 정부의 큰 특징 중 하나는 환경규제 완화다. 특히 기후변화 유발 물질에 대한 통제가 느슨해질 것이다. 이 부분이 다른 국가에 치명적인 착시효과를 불러일으키고 있다.

미국이 준비하고 있는 해외 오염 관세법 *FPFA, Foreign Pollution Free Act* 등의 진행 과정을 잘 들여다볼 필요가 있다. 해외 오염 관세법은 미국이 수입하는 제품의 생산 과정에서 배출한 오염물질 배출량을 기준으로 관세를 부과하는 제도다.

유럽연합의 탄소 국경 조정 제도 *CBAM*와 유사한 개념으로, 목적은 고탄소 배출 제품 수입을 억제하고 국내 산업의 경쟁력을 보호하며 글로벌 환경보호를 촉진하는 것이다. 이 법은 공화당에서 발의했지만, 민주당도 국익을 위한 법안으로 인식하고 있어 통과될 가능성이 높다.

현재 적용 대상 제품은 알루미늄, 시멘트, 유리, 수소, 철, 비료, 철강 등이지만 최종 확정되진 않았다. 오염을 일으키는 물질의 오염 집약도(제품 생산 시 발생하는 오염물질 배출량을 가격, 판매량 등 특정 기준으로 나눈 값)에 대한 세부 기준이 확정되지 않아 입법까지는 시간이 더 필요해 보인다.

미국이 준비 중인 해외 오염 관세법은 글로벌 기후변화 대응과 자국 산업 보호를 동시에 고려한 정책이라 볼 수 있다. 트럼프 대통령이 매일 주장하는 관세장벽처럼 자국 산업을 중요시하지만, 그래도 긍정적으로 본다면 이 법이 탄소를 많이 배출하는 국가에 경제적 부담을 부과하여 글로벌 공급망에서 친환경 생산 방식을 촉진하는 효과를 가져올 가능성이 크다.

탄소 배출이 많은 국가에서 생산한 제품에 추가 관세를 부과함으로써 해당 국가와 기업에 경제적 불이익을 주기 때문에 중국, 동남아 국가, 인도 등 석탄 기반 산업 중심 국가들이 탄소 배출량을 줄이기 위해 재생에너지 및 청정기술을 더 빠르게 도입할 것이다.

국가나 기업 차원에서 CCUS(탄소 포집 및 저장), DAC(직접 공기 포집), 수소에너지, 전기차와 배터리 등의 분야에 대한 기술 투자를 확대할 가능성 또한 커질 것이다.

이러한 변화가 긍정적으로 작용한다면 장기적으로 해당 국가의 탄소중립 목표 달성에 이바지할 수 있다. 나아가 미국의 해외 오염 관세법이 유럽연합의 탄소 국경 조정 제도와 함께 글로벌 탄소가격 책정 *carbon pricing* 시스템 구축을 촉진하는 효과를 낼 수도 있을 것이다.

하지만 미국의 산업을 우선시하는 정책이기에 글로벌 측면에서 긍정적인 면만 있는 것은 아니다. 미국은 해외에서 수입하는 고탄소 제품(철강, 시멘트, 비료, 유리 등)에 추가 관세를 부과하기에 역내 저탄소 제조업이 가격 경쟁력을 확보할 것이다. 뿐만 아니라 트럼프 정부에서 폐기하려 하는 바이든 정부의 인플레이션 감축법을 대체하여 미국 내 친환경 기술 개발 및 일자리 창출에 이바지할 것이다.

하지만 미국과 거래하는 글로벌 공급망의 국가들은 상당한 피해를 입을 수밖에 없다. 중국, 인도, 동남아시아 등 신흥국에서 미국으로 수출하는 기업들은 당장 탄소를 줄일 수 있는 인프라가 없기에 비관세장벽을 통한 무역 불균형이 발생할 수 있다. 탄소 집약적 산업 비중이 높은 대미 수출국이 강하게 반발하면 국제경제 질서의 갈등 요인이 될 수밖에 없다. 현재 진행되는 트럼프의 관세 인상에 따라 중국에서 미국 제품에 대한 보복관세를 발표했듯, 해외 오염 감축법이 시행되면 똑같은 일이 반복될 수도 있다.

또한 우려되는 점은 탄소세를 산정하는 배출량 측정 기준이다. 측정 기준이 모호하거나, 특정 국가 또는 기업에 유리하게 설정될 가능성이 있다. 게다가 미국이 자국산 제품과 수입품의 탄소 배출 기준을 다르게 적용하면 환경을 보호하려는 목적보다 자국 산업 보호 목적이 크다는 비난을 받을 수 있다.

우리나라의 미래를 위한 변화

트럼프 2.0 시대가 되면서 많은 변화가 예고되었다. 앞서 말했듯 기후변화 대응과 관련한 다양한 일들도 축소되고 있다. 미국 증권거래위원회 기후공시 또한 중단될 위기에 처해 있다. ESG에 관한 각종 규제도 완화될 조짐을 보인다.

중요한 것은, 앞서 언급한 해외 오염 관세법처럼 미국 산업을 보호하기 위한 제도가 등장하여 우리를 압박할 수 있다는 점을 인지해야 한다는 것이다. 역내 산업을 보호하기 위한 미국의 움직임이 오히려 역외 국가들의 환경규제로 이어질 수 있기 때문이다.

트럼프가 뭐라고 말하든 우리는 그대로 기후위기 대응을 위한 현실적 전략을 수립해가야 한다. 기후위기를 실존적 위협으로 인지하고, 멈추지 않고 나아가야 한다.

공시 유무와 상관없이 기업의 물리적 리스크는 커질 것이다. 그렇다면 결국 경제적 이익을 좇는 집단에서는 투자금의 안전성을 강화하기 위해 다른 제도를 꺼내 들 수밖에 없다. 즉, 이름만 바꾸는 것이다.

우리 정부는 탄소중립 정책을 더욱 강하게 이끌며 유럽, 일본, 중국 등으로 글로벌 공급망 다각화를 유도하여 각종 규제에 대비해야 한다. 또한 미국이 잠깐 멈춘 시기에 기후테크 같은 미래 기술에 대한 투자와 선점을 통해 포스트 트럼프 시대를 이끌 힘을 키워야 한다. 기후위기 시대에 바뀌어가는 지구환경 변화의 바람에 돛을 달고 나아가지 않으면 우리는 미래라는 더 큰 바다로 나아갈 수 없다는 점을 명심해야 한다.

"인류는 생활양식과 생산·소비 방식에
변화가 필요하다는 사실을 인정해야 한다.
그래야 기후변화를 이겨낼 수 있다."

_프란치스코 교황

극한기후시대를 건너는 우리가 마주할 풍경
붉은 겨울이 온다

1판 1쇄 인쇄 2025년 10월 22일
1판 1쇄 발행 2025년 10월 29일

지은이 정수종
펴낸이 고병욱

기획편집1실장 윤현주 **책임편집** 한희진 **기획편집** 김경수
마케팅 황혜리 황예린 권묘정 이보슬
디자인 공희 백은주 **제작** 김기창 **관리** 주동은 **총무** 노재경 송민진 서대원

펴낸곳 청림출판(주)
등록 제2023-000081호

본사 04799 서울시 성동구 아차산로17길 49 1010호 청림출판(주)
제2사옥 10881 경기도 파주시 회동길 173 청림아트스페이스
전화 02-546-4341 **팩스** 02-546-8053

홈페이지 www.chungrim.com **이메일** cr2@chungrim.com
인스타그램 @chungrimbooks **블로그** blog.naver.com/chungrimpub
페이스북 www.facebook.com/chungrimpub

ⓒ 정수종, 2025

ISBN 979-11-5540-258-0 03450

※ 이 책은 저작권법에 따라 보호를 받는 저작물이므로 무단 전재와 무단 복제를 금합니다.
※ 책값은 뒤표지에 있습니다. 잘못된 책은 구입하신 서점에서 바꾸어 드립니다.
※ 추수밭은 청림출판(주)의 인문 교양도서 전문 브랜드입니다.